Cynnwys

John O'Brien, tad yr awdur yn y canol

Llun tudalen 1: Rhiwgoch – Officers' Mess

Cyflwyniad

I'r ymwelydd ymddengys ardal Trawsfynydd fel man mynyddig a llwm wedi'i amgylchynu gan greigiau geirwon, ond eto yng nghanol y moelydd agored ac unig yma ceir cymoedd coediog llawn adar a bywyd gwyllt, gyda nentydd troellog llawn brithyll. Man i greu argraff rymus ar feddwl unigolyn, man sy'n fuan iawn yn ei amlygu ei hun fel un o'r lleoliadau prydferthaf yng Nghymru, man llawn rhamant i ysbrydoli'r bardd a'r arlunydd – man sy'n frith o hanes yr oesoedd a fu, fel y dengys ei henebion, y ceir nifer helaeth ohonynt yng Nghwm Dolgain, sef yr ardal sydd dan sylw yn y llyfr yma.

Y peth cyntaf mae rhywun yn sylwi arno yw llonyddwch a thawelwch Cwm Dolgain, neu'r 'Ranges' ar lafar gwlad, sef y cwm sy'n cychwyn wrth odra Gallt y Darren ac yn diweddu wrth y Pistyll Cain

Clychau'r Gog a Dolgain Corlan Dôl Moch

Maes y Magnelau

sy'n cwympo cant a hanner o droedfeddi i ymuno ag afon Mawddach. Cwm coediog a rhamantus yn llawn o feicwyr mynydd yn ei ran isaf a ffriddoedd uchel, agored ac anial yn y rhan uchaf, lle mae'r defaid yn fwy lluosog na'r beicwyr a'r bwncath yn arglwyddiaethu yn lle sgrech y coed.

Hyd at ddiwedd pumdegau'r ganrif ddiwethaf, gwelid baneri coch yn chwifio ar dop y bryniau ac ergydion gynnau mawr a chwiban magnelau yn torri trwy'r awyr cyn claddu eu hunain yn y mawndir ar ffriddoedd Dôl Moch, Bryn-Pierce a Harry Howel nid nepell o 'Danger Farm', neu Feidiog Isa i roi ei henw priodol iddi.

Dyma fan fu'n gartref i wersyll milwrol a maes tanio anferth a fu'n flaenllaw fel lle ymarfer magnelaeth i fyddin Prydain am 60 mlynedd bron. Dyma un o'r unig ddau faes tanio ym Mhrydain i dreialu sustem ffonau maes, rhywbeth a brofodd i fod yn allweddol o ran cyfathrebu nid yn unig i achub bywydau ond hefyd i ennill tir ar faes y gad yn y Rhyfel Byd Cyntaf.

Y cefndir yma a'm sbardunodd tua deng mlynedd yn ôl i wneud gwaith ymchwil, casglu hen luniau, a holi a stilio er mwyn cael cofnod parhaol o'r Camp. Bûm wrthi drwy gydol 2007 yn tynnu lluniau a nodi lleoliadau'r olion milwrol cyn iddynt ddiflannu'n llwyr i ebargofiant. O ganlyniad i'r ymarferiad hwnnw gwelwyd yn dda gan Barc Cenedlaethol Eryri i adfer arsyllfa Llechweddgain, lle ceir golygfa o'r maes tanio yn ei gyfanrwydd, ac adeiledd ag iddo nodwedd arbennig, sef canopi na welir ar yr arsyllfeydd eraill.

Yn y cyfnod yma hefyd fe gofnodais y canlynol yng Nghwm Dolgain a'r cyffiniau: 14 Cysgodfan (Splinter Proof Shelter), 3 Arsyllfa, 22 Blwch Ffôn Maes, 1 Byncer, 1 Gwarchotgell ac 8 Sylfaen Fflag.

Llafur cariad oedd hyn i gyd i mi, felly gwerthfawrogaf yn fawr barodrwydd Gwasg Carreg Gwalch i ymgorffori'r holl wybodaeth a gasglwyd yn y gyfrol hardd ac addysgiadol yma. Heb eu cymorth ni fyddai wedi bod yn bosib i'r llyfr weld golau dydd.

Rhan 1

Cyn rhoi sylw i'r 'Camp' a'r 'Ranges', bwriadaf roi tipyn o hanes yr ardal yn gyntaf er mwyn i'r darllenydd werthfawrogi'r cyfoeth o hanes sy'n perthyn i'r erwau arbennig hyn a cheisio rhoi cyd-destun i'r cyfanwaith.

Hynafiaethau'r Ardal

Ymhell cyn i'r Fyddin Brydeinig feddiannu'r tir yn nechrau'r ugeinfed ganrif, roedd esgidiau milwyr wedi troedio'r tir ganrifoedd ynghynt. Yr enghraifft gynharaf y gwyddom amdani yw'r Rhufeiniaid, gan fod Sarn Helen yn pasio'n agos at y lleoliad, ac yn wir fe wnaethant sefydlu odyn glai (OS 728319) nid nepell o Benstryd, er mwyn gwneud crochenwaith a theils to i gaer Rufeinig Tomen y Mur sydd ar ffin ogleddol y plwy'.

Wedyn ceir hanes Pengryniaid Cromwell yn yr ardal yn yr 17eg ganrif yn erlid Capten John Morgan o Gelli Iorwerth (Plas Capten), a hynny am iddo fod yn ffyddlon i'r Brenin. Sonnir iddo gael ei saethu'n farw ganddynt wrth Garreg yr Ogof sydd ar lan Llyn Traws. Trown ein sylw nawr at y mannau mwyaf amlwg a'u hanes.

Odyn glai Rufeinig ger Penstryd

Arwydd 'Perygl' ar Ffridd Wen
uwchben Yr Ysgwrn

Bedd Porius

Mae Bedd Porius (OS 733313) ychydig lathenni i'r dwyrain o'r ffordd sy'n arwain i lawr at Bont Dôl Mynach yng Nghwm Cain. Maes y Bedd yw enw'r cae lle saif y bedd, ond tybed ai dyma'r lleoliad cywir? Yn wir, dyma un o'r dirgelion sy'n gysylltiedig â'r safle, fel y cawn ddarganfod isod.

Replica o'r garreg fedd wreiddiol sydd ar y safle nawr – wel, mewn gwirionedd mae yno ddau replica gyda phen un wrth droed y llall. Gallaf ddatgan mai Denise Angster oedd enw'r cerflunydd oedd yn gyfrifol am wneud y copïau, ac mae'r garreg wreiddiol yn yr Amgueddfa Genedlaethol yng Nghaerdydd ers 1933. Gwnaed y copïau mewn concrid, ac maen nhw bellach mewn cyflwr truenus, gyda'r concrid yn darnio a thyfiant mwsogl drostynt. Rai blynyddoedd yn ôl penderfynwyd newid un o'r copïau am un mwy diweddar â chyflwr gwell arno, ond er ymdrechion y criw cyhyrog nid oedd symud yn perthyn i'r copi gwreiddiol felly gadawyd ef yn ei le a'r llall wrth ei droed. Amgylchynir y bedd gan wal isel o grawiau llechen wedi'u gosod ar eu hymylon, gyda rheiliau haearn y tu allan iddynt. Pan oedd y fyddin yn defnyddio'r tir yma yn hanner cyntaf y ganrif ddiwethaf, roedd yma hefyd seren o haearn bwrw ar bostyn ger llaw, er mwyn rhybuddio'r milwyr i gadw'n glir oddi wrth y garreg wrth ymarfer. Mae'r garreg yn mesur tair troedfedd a phedair modfedd wrth ddwy droedfedd a phedair modfedd, gyda thrwch o wyth modfedd, ac mae'r corneli isaf wedi torri i ffwrdd. Tybir fod y garreg yn dyddio'n ôl i ran olaf y 5ed ganrif neu ddechrau'r 6ed ganrif.

Beth Sydd Mewn Enw?

Mae nifer o hynafiaethwyr wedi ymweld â'r safle dros y canrifoedd, a cheir y cofnod cyntaf gan neb llai nag Edward Llwyd tua 1698, lle mae'n disgrifio'r maen gan nodi ei fod yn gorwedd o fewn dau gae i Lech Idris, ac arno'r llythrennau canlynol: PORIVS / HIC IN TVMVLO IACIT / HOMO ˙ ˙ PIANVS FVIT – sef 'Porius a orwedd yma yn y beddrod. Roedd yn ddyn Cristnogol'.

Ym 1742, ymwelodd Lewis Morris â'r safle ac ychydig yn ddiweddarach galwodd Thomas Pennant yno hefyd, a dyma nhw'n nodi'r geiriau i lawr yn union fel Edward Llwyd. Ym 1846 daeth Longueville Jones a chymryd rhwbiad o'r garreg, gan gadarnhau unwaith eto'r geiriau a nodwyd gynt. Ond erbyn 1884, pan ymwelodd yr Archddiacon Thomas â'r safle fe sylwodd mai "PLANVS" ac nid "PIANVS" oedd wedi ei nodi ar y llinell olaf – fel y mae hyd heddiw.

Felly, yn amlwg, fe newidiwyd y llythyren 'I' i 'L' rywbryd rhwng 1846 a 1884. Mae'r dirgelwch yma wedi bod yn destun trafod gan nifer o hynafiaethwyr dros y blynyddoedd, ac mae'n debyg mai'r ateb a ganlyn yw'r un mwyaf synhwyrol.

Bedd Porius – copi o'r garreg fedd

Yn arwynebol nid yw'r gair *PIANVS* yn golygu dim mewn Lladin ac mae'n debyg fod rhywun wedi teimlo y byddai'n gwneud cymwynas fawr trwy ychwanegu 'troed' i'r 'I' a'i droi yn 'L', gan fod *PLANVS* yn air Lladin (ond nid yn un sy'n gwneud synnwyr yn y cyd-destun yma). Er mwyn gwneud synnwyr o'r cyfan, rhaid edrych ar y bwlch sydd rhwng yr 'O' a'r 'P' yn 'HOMO ¨ ¯PIANVS'. Os gallwn dderbyn fod y llythyren 'X' wedi bod yn y bwlch gyda'r llinell cwtogi yn ei chysylltu â'r 'P',

a bod y 'P' yn cynrychioli *rho* o'r *chi-rho* Groegaidd, wedyn ei ail greu fel 'X~P~IANUS', mae hyn yn gwneud llawer mwy o synnwyr, gan roi 'Roedd yn berson Cristnogol' yn hytrach na 'Roedd yn berson plaen'.

Felly, be ddigwyddodd i'r llythyren 'X' (neu efallai +)? Mae'n bosib iddi gael ei difrodi yn oes Biwritanaidd Cromwell. Roedd yn arferiad ar y pryd gan rai mwy eithafol eu perswâd crefyddol i ddinistrio unrhyw henebion cerfiedig oedd yn cynnwys, yn eu barn hwy, iaith y diafol, sef Lladin. Byddai 'X' neu '+' wrth gwrs yn symbol Cristnogol ac felly hawdd iawn fyddai credu iddi gael ei dileu o'r garreg.

Cyn gadael y geiriad, o dan y llythrennau gwelir y ffigurau canlynol, 1245 E. Yn anffodus nid oes unrhyw wybodaeth ar gael am y rhain, dim ond nad ydynt yn gyfoesol â'r prif destun.

Lleoliad y bedd

Yn anffodus, fel y cawn weld, nid yw'n gwbl eglur ble yn union y mae safle gwreiddiol y bedd, ac oherwydd hynny ni chaiff y safle ei ystyried yn heneb gofrestredig.

Nododd Pennant pan ymwelodd â'r safle ym 1773 fod y garreg yn gorwedd yn rhydd ar ben rhyw lun o fedd ger ffermdy wrth y ffordd i Riwgoch. Mae disgrifiad Pennant yn un digon amwys, ond wedyn cawn wybodaeth fwy pendant gan Longueville Jones o'i ymweliad yntau ym 1846, lle mae'n nodi bod W.W.E. Wynne o Beniarth wedi galw i weld y garreg ychydig o flynyddoedd ynghynt, dim ond i ddarganfod ffermwr wrthi'n ei gosod i mewn i wal roedd wrthi'n ei hadeiladu. Fe wnaeth W.W.E. Wynne hysbysu Syr Watkin Williams Wynn, perchennog Fferm Llech Idris, am y digwyddiad, ac o

ganlyniad trefnodd Syr Robert Williams Vaughan, Nannau, ar ran stad Wynnstay, i'r garreg gael ei gwarchod mewn lloc bach. Yn ôl traddodiad lleol mae'r lloc tua hanner canllath o flaen y fan a enwir fel Maes y Bedd, sef lleoliad gwreiddiol y bedd.

Pwy oedd Porius

Awgrymodd Hemp a Gresham yn *Archaeologia Cambrensis*, 110, 1961, mai bedd Rhufeinig oedd y bedd, a'i fod wedi ei leoli ger Sarn Helen yn unol â'r traddodiad o gladdu gweddillion Rhufeinwyr amlwg wrth ymyl ffyrdd.

Fodd bynnag, wrth ystyried ehangder tiroedd Abaty Cymer, a ymestynnai i fyny i Gwm Cain gan gynnwys rhannau helaeth o Foel Llyfnant, Moel y Feidiog, Mynydd Bryn-llech a Mynydd Bach, a hynny bron at Gefndeuddwr, ac wedyn o ystyried enwau'r hen ffermydd, sef Dôl Mynach Isa a Dôl Mynach Ucha – sydd gyferbyn â Maes y Bedd – cawn ogwydd gwahanol ar y mater.

Lluniodd Llywelyn Fawr siarter i fynachod Cymer ym 1209 oedd yn cynnwys lle o'r enw Bedd yr Esgob. Mae'r disgrifiad o'r safle yn un digon manwl i'w leoli ar lan ddwyreiniol Afon Cain gyferbyn ond ychydig yn uwch na safle presennol Bedd Porius. Mae sawl hanesydd wedi awgrymu fod hyn yn fwy na chyd-ddigwyddiad a'i bod yn bosibl mai'r un lle yw Bedd Porius a Bedd yr Esgob. Byddai hyn wrth gwrs yn cydblethu'n daclus gyda damcaniaeth arwydd colledig y *chi-rho* o'r garreg; ac yn wir, byddai'n dyddio'n synhwyrol i'r 6ed ganrif, Oes y Saint – adeg pan oedd nifer o Esgobion yng Nghymru.

Bedd Porius

Wrth inni gyfeirio at Ddôl Mynach Isa, mae'n debyg mai'r bedd mwyaf diddorol ym mynwent Eglwys Sant Madryn, Traws, yw un Edmund Morgan, Dôl Mynach Isa 'who died on the 6th day of February 1817 Aged 113 years'. Y mae hanes tu ôl i'r bedd hwn. O graffu ar yr ysgrifen ar y garreg, gwelir fod rhywun wedi ymyrryd â'r oed arni ac wedi ei haildorri. Yng nghofrestr yr Eglwys tan yn gymharol ddiweddar, 109 oedd yr oedran. Dywedir fod Dôl Mynach Isa bryd hynny'n perthyn i deulu Plas Nannau, plwyf Llanfachreth. Yr oedd Edmund Morgan wedi sicrhau'r tirfeddiannwr cyn ei farw ei fod yn 109 oed. Felly y cofrestrwyd ei farwolaeth, a dyna'r oed ar garreg ei fedd. Ond yn ddiweddarach cafodd Ysgwier Nannau afael ar hen bapurau yn Nôl Mynach oedd yn tystio i Edmund farw yn 113, ac aildorrwyd ar y garreg. Mae'n debyg mai'r rheswm y tu ôl i hyn yw mai bedydd hwyr gafodd Edmund, pan oedd yn bedair oed, ac iddo ddechrau cyfrif ei flynyddoedd o'r pwynt hwnnw!

Drosodd:
Lleuadau gilgant pont Wyddelig Feidiog Isa

Rhiwgoch

Dyma gartref hynafol teulu'r Llwydiaid, teulu a'u hachau'n ymestyn yn ôl i Lywarch ap Brân, Arglwydd Menai, sefydlydd yr ail o Bymtheg Llwyth Pendefigaidd Cymru, a drigai yn Ynys Môn yn y ddeuddegfed ganrif. Arwyddair Lladin y teulu oedd *Sequere justitiam et invenias vitam* – 'Dilyna gyfiawnder i ddarganfod bywyd'. Cawn drafod y mawrion sy'n gysylltiedig â'r adeilad yn nes ymlaen, ond yn gyntaf cymerwn olwg fwy manwl ar yr adeiladau a'r rhinweddau arbennig sy'n perthyn iddynt.

Y Gatws

Er mwyn cael ymdeimlad a gwerthfawrogiad o'r safle, cychwynnwn ein taith drwy sefyll yn yr iard rhwng y byngalo a'r gatws, gan mai dyma oedd y fynedfa briodol i'r maenordy, Maenordy'r Goron, fel cawn weld. Y peth cyntaf y sylwn arno yw'r wyneb cobls sydd dan droed, pob carreg wedi ei gosod yn ddestlus wrth ei gilydd mewn patrwm sy'n ein harwain tuag at fynedfa'r gatws.

Cyn mynd trwy'r fynedfa trown i'r gorllewin i gael cipolwg ar stabl y plasty.

Tybir bod y stabl yn dyddio'n ôl i'r 18fed ganrif neu ddechrau'r 19eg ganrif. Fel y plasty a'r gatws mae'n adeilad rhestredig gradd II, wedi'i adeiladu o gerrig gyda tho llechi. Ceir dwy ffenestr casment ar y dde i'r drws ac un ar y chwith. Mae yno lofft stabl uwchben, y ceir mynediad iddo drwy ddringo stepiau carreg allanol ar ei dalcen deheuol. Mae un ffenestr arall ar y drychiad gorllewinol.

Yn ôl i'r gatws. Cyn mynd i mewn, gwelwn uwchben y linter arwyddair y Llwydiaid gyda'u harfbais wedi'i gerfio mewn carreg a'i fewnosod yn y wal. Fel y nodwyd uchod, *Sequere justitiam et invenias vitam* yw'r arwyddair. Dyma ddisgrifiad yr arfbais: 'Arian, rhwng tair brân hefo ermin yn eu pigau, gyda cheibr du', sef arfbais Llywarch ap Brân. Tua 15 troedfedd yw lled yr adeilad gydag uniad amlwg ar y chwith lle cafodd ei ymestyn yn ddiweddarach i greu beudy.

1. Sgets o Rhiwgoch tua 1857;
2. Arwyddair uwchben mynediad y gatws
3. Gatws Rhiwgoch

Wrth gerdded trwy'r gatws cyrhaeddwn gwadrangl yn mesur 30 troedfedd wrth 27, a dyma le difyr! Trown ar ein sawdl i wynebu'r gatws o'r ochr arall; uwchben y linter yma wedi'i cherfio mewn carreg gwelwn Arfbais Frenhinol Teulu'r Tuduriaid, sy'n cynnwys llew a draig yn cynnal pedol gyda choron ar ei phen (y Stiwartiaid oedd yn gyfrifol am roi uncorn i ddisodli'r ddraig Gymreig). Mae'r arwydd hwn yn cadarnhau pwysigrwydd Rhiwgoch fel Maenordy'r Goron, sef man lle byddai'r brenin a'i bobl yn aros pan fyddent yn y cyffiniau. Ceir rhes o stepiau cerrig ar y dde i'r agoriad yn arwain i'r llawr uchaf, lle bu caffi yn niwedd wythdegau'r ganrif ddiwethaf.

Cychod Gwenyn

I'r chwith o'r gatws gwelir pedair silff lechen anferth sy'n cysylltu'r gatws â'r plasty. Mannau i roi cyrff drwgweithredwyr i orwedd oedd y rhain, yn ôl llafar gwlad, wedi iddynt gael eu crogi oddi wrth y pigyn carreg sydd i'w weld tua hanner ffordd rhwng ffenestri'r llawr cyntaf cyfagos. Lol i gyd yw'r chwedl yma: beth ydynt yn syml yw silffoedd i ddal cychod gwenyn, neu gawenni fel y gelwid hwy. Yn yr hen ddyddiau roedd siwgr yn

beth prin iawn, yn enwedig mewn mannau anghysbell fel Rhiwgoch, felly arferid cadw cawenni gwellt i'r gwenyn er mwyn cael mêl fel melysydd yn lle siwgr. Byddai'r math yma o gysgodfa'n gymharol gyffredin mewn mannau gwyntog a glawog, ac fel yn yr enghraifft hon maent i gyd yn wynebu'r de er mwyn i'r haul cynnar gynhesu'r gwenyn. Wrth gwrs, nid yw hyn yn egluro pam fod y pigyn carreg yno; wrth edrych ar hen lun o'r plasty sy'n dyddio'n ôl i 1905, gydag ychydig o drafferth gellir ei ganfod yn yr un man. Pwy a ŵyr beth oedd ei bwrpas: efallai mai clwyd i golomennod ydoedd, oherwydd ychydig i'r dde o'r ffenestr ogleddol ceir ôl colomendy wedi ei gau i fyny – mae'r nodwedd hon yn amlwg yn llun 1905. Yn ogystal, roedd colomendy arall yn y gatws ar y dde i'r drws ar ben y grisiau cerrig lle mae'r ffenestr fach nawr. Wrth edrych yn fwy manwl ar y ffenestr sydd ar law chwith y drws, gwelir fod cerrig unigol wedi eu gosod ar bob ochr i'r agoriad a'u bod hwythau hefyd yn ymwthio allan o'r adeilad – ond heb fod mor amlwg â'r pigyn ar y prif adeilad. Fel mater o ddiddordeb, cyn dyfodiad cnydau gwraidd doedd hi ddim yn bosib cynhyrchu digon o ymborth i gadw'r anifeiliaid trwy'r gaeaf, felly rhaid oedd eu lladd a'u halltu i'w cadw. Felly, yr unig ffynhonnell o gig ffres oedd ar gael ym misoedd y gaeaf a'r gwanwyn cynnar oedd colomennod. Magwyd miloedd ar filoedd o'r rhain i'r pwrpas hwn drwy'r wlad gan y bonedd yn y cyfnod rhwng y 13eg ganrif a'r 18fed ganrif.

Second Lieutenant Frank Harry Turner tua'r 1920au

Drws Hynafol

Wrth gerdded ymlaen ar hyd y llwybr cobls cyrhaeddwn y drws ffrynt. Mae hynafiaeth y drws yn amlwg wrth edrych ar y dyddiad sy'n gerfiedig ar law dde'r ffrâm dywodfaen, sef 1610. Disgrifir y math hwn o fynedfa fel bwa pedwar canolbwynt (four centred arch). Ar yr ochr chwith ceir y llythrennau R ^{M} Ll, sef Margaret a Robert Lloyd. Ar y dde i'r botwm cloch ceir yr enw Owen Owen a'r dyddiad 1739. Uwchben y bwa gwelir tarian gyda helm a brân ar ei frig mewn cerfwedd tywodfaen; mae'n debyg fod effaith tywydd ac amser wedi dileu'r arfbais o ganol y darian. Er gwybodaeth, cofnodwyd yr arfau gan Lewys Dwnn, fel rhan o'i waith yn gwneud Ymweliadau Herodrol ar 25 Gorffennaf 1588, a thalwyd ffi o 5 swllt iddo gan Robert Lloyd. Mae'r drws wedi ei wneud o dderw cadarn gydag arwyneb â stydiau ynddo. Wrth gamu'n ôl, gwelir fod y rhan yma o'r plasty wedi'i gorffen â cherrig nadd, tra bo'r rhan arall, lle mae'r bar a'r lolfa, wedi'i hadeiladu gyda cherrig sydd heb eu trin ac yn perthyn i gyfnod cynharach, y 12fed ganrif efallai.

Llofft Tywysog Cymru

Mae'r drws ffrynt yn agor i gyntedd sydd wedi ei orffen gyda muriau derw mewn dull astell a mwntin. Ger y drws ceir trawst fwa cleddog siamffrog gydag ystlysbyst siamffrog. Yn arwain o'r cyntedd mae staer, a hanner ffordd i fyny hon ceir drws sy'n arwain i'r tu allan. Mae'r staer wedyn yn troi'n ôl arni'i hun cyn esgyn i ben y grisiau. Ar ben y grisiau ceir drws ar y chwith sy'n arwain i ystafell bwysig iawn.

Rydym nawr yn llofft y Tywysog Harri, mab hynaf Iago I. Arhosodd Harri yn Rhiwgoch tra roedd ar daith drwy Gymru yn ystod 1610, a dyna pam y mae'r

Llythrennau Henricus Princeps – y Tywysog Harri o 1610

flwyddyn arbennig honno wedi'i nodi ar ffrâm y drws ffrynt fel arwydd o werthfawrogiad. Ond ceir teyrnged arall arbennig iddo yn y llofft gan fod y lle tân hefyd yn gyflwynedig iddo, ac mae'n debyg mai yma y cysgodd. Mae'r mowldin plastr (a wnaethpwyd yn 30au'r ganrif ddiwethaf) uwchben y lle tân wedi cymryd lle'r cerfiad carreg gwreiddiol, ond mynnir ei fod yn dilyn patrwm y cerfiadau carreg yn ffyddlon. Mae dau biler bychan ar bob

Sketch H. Fireplace in China Store.

pen i'r silff ben tân, â phen llew ar y naill a'r llall (sy'n ddirgelwch arall, gan mai pen y bachgen dywysog oedd arnynt ym 1934). O dan bennau'r llewod, ar y chwith ceir y llythrennau RM – Robert a Margaret – ac yn wahanol i'r drws ffrynt mae'r 'R' uwchben yr 'M'. Margaret oedd merch Hugh Nanney o Nannau, Uchel Sirydd Meirionnydd ym 1587, a disgynnydd i sefydlydd Trydydd Llwyth Brenhinol Cymru. Ar y pwynt hwn, mae rhai'n dadlau

1. *Lle tân yn llofft y Tywysog Harri;*
2. *Sgets o'r lle tân gan yr Uwchgapten R. P. Waller yn 1934*

mai dyna pam mae'r 'M' uwchben yr 'R' ar y drws ffrynt, oherwydd bod ei hach 'Frenhinol' hi'n bwysicach nag ach 'bendefigaidd' ei gŵr!

Ar biler ochr dde'r silff ben tân ceir y

llythyren 'Ll' sef Lloyd, wrth gwrs. Rhwng y pileri, mae plu Tywysog Cymru gyda helm o'u hamgylch a'r llythrennau 'H' a 'P' o boptu i'r helm, sef *Henricus Princeps* neu'r Tywysog Harri. Mae pelydrau haul yn tasgu o'u hamgylch, a thu hwnt i'r rheiny mae rhosyn ar y chwith ac ysgallen ar y dde.

O dan y silff, mae tair tarian wedi eu mowldio mewn plastr, a phan oedd y plasty'n lle bwyta i swyddogion y fyddin yn y ganrif ddiwethaf byddai ffotograffau Penswyddogion y Gwersyll arnynt. Amser maith yn ôl mae'n debyg mai arfbeisiau Lloyd, Nanney ac Ithel ap Iorwerth fyddai'n cael eu harddangos gyda balchder arnynt.

Yn cysylltu ag ystafell y Tywysog roedd ystafell wisgo'r boneddigesau, gyda theils *Dutch* ar lawr ac arnynt arwyddion ysgrythurol.

Gwin a Gwely!

Yn ôl i ben y grisiau. Mae ystafell fach yn wynebu'r gogledd ar ben y grisiau; pantri fyddai hon yn wreiddiol, ond newidiwyd hi'n 'Expensive Wine Store' pan oedd y lle yn *Officers' Mess!* Pan oedd y plasty ym mherchnogaeth Syr Watkin Wynn o stad Wynnstay, hon oedd y brif lofft ac roedd wedi ei leinio gyda phaneli derw drwyddi. Cyn gwerthu Rhiwgoch i'r fyddin ym 1905, fe dynnodd Syr Watkin y paneli a'u hailosod yn ei ystafell filiards yn Wynnstay, lle maent yn dal i'w gweld hyd heddiw yn ôl pob tebyg.

Picen Boeth a'r Ceuddrws

Yn yr hen ddyddiau byddai ceuddrws yn llawr y prif lofft i gysylltu gyda'r gegin (lle mae'r toiledau nawr), ac mae hanesyn bach difyr cysylltiedig â'r ceuddrws sy'n werth ei ailadrodd.

Prif bwrpas y ceuddrws oedd i foneddiges y tŷ gysylltu ar fyrder gyda'r morynion i'w tewi os byddent yn gwneud gormod o sŵn. Yn ôl yn y 19eg ganrif arferai bachgen ifanc (dienw yn anffodus) gysgu gyda'i nain a'i daid ger y ceuddrws. Nododd y bachgen ei fod yn cofio bod morwyn yn arfer rhoi cnoc ar y ceuddrws yn y boreau, cyn ei agor gan bwyll ac estyn i mewn ato, gyda chymorth fforch dostio, bicen boeth â menyn yn toddi drosti, er ei fwynhad wrth eistedd yn y gwely!

Y Neuadd

Lle mae'r lolfa heddiw roedd lleoliad neuadd y maenordy, y 'Great Hall', lle byddai'r bonedd yn difyrru eu gwesteion.

Yn wir, roedd y Llwydiaid yn enwog fel noddwyr y beirdd. Gellir dychmygu nosweithiau hwyliog yno ger y pentan anferth a arferai sefyll yn safle'r bar serfio: fflamau coch a melyn yn dawnsio i fyny'r simdde, y coed tân yn clecian gyda'r gwres, a'r beirdd yn canu clodydd eu noddwyr.

Lolfa Rhiwgoch yn dangos craen lle tân

Trwodd lle mae'r bar heddiw, ar yr wyneb gorllewinol roedd grisiau eraill i gyrraedd y llofftydd. Yn y pen gogleddol, lle mae'r lle tân, roedd parlwr bach Iseldiraidd o gyfnod Siarl II. Lle i tua phedwar oedd yn y parlwr, yr yswain, ei wraig a dau o westeion.

Yr Estyniad

Fel y soniwyd uchod mae Rhiwgoch wedi newid tipyn yn ei gynllun dros y blynyddoedd. Mae ffenestri'r llawr isaf yn perthyn i'w gyfnod gwreiddiol, tra bo'r rhai ar y llawr cyntaf yn perthyn i oes Siarl II. Efallai mai galeri neu gyntedd crand oedd y llawr cyntaf ar un cyfnod. Fe wnaeth Robert Lloyd greu estyniad ym 1610, sef y rhandy dwyreiniol sy'n cynnwys y brif fynedfa. Ond y fyddin oedd yn gyfrifol am y newidiadau sy'n rhoi ei ffurf bresennol i'r adeilad.

Ar ôl creu *Officers' Mess* ym 1905, aethpwyd ati ym 1939 i greu estyniad anferth i'r de, sef yr ystafell fwyta erbyn hyn, gyda chegin gysylltiol, yn gyfochrog ag estyniad 1610. Rhwng y ddau estyniad yma ychwanegwyd seler gwrw yng nghanol wythdegau'r ganrif ddiwethaf.

Bonedd Rhiwgoch

Cyfeiriwyd eisoes at Lwydiaid Rhiwgoch, sef perchnogion y plasty yn ystod y 15fed ganrif, yr 16eg a'r rhan fwyaf o'r 17eg ganrif. Disgynyddion i Lywarch ap Brân oeddent. Roedd Llywarch yn frawd yng nghyfraith i Owain Gwynedd, Brenin Gogledd Cymru, oherwydd i'r ddau briodi dwy chwaer. Bu i Griffith, nawfed disgynnydd llinach Llywarch, briodi, yn ail wraig iddo, Gwenhwyfar, merch ac aeres Ithel ap Iorwerth, neu i roi ei enw llawn iddo, Ithel ap Iorwerth ap Einion ap Llewelyn ap Cynwrig ap Osborn Wyddel (o Gorsygedol – lle gwelir yr un arwyddair cerfiedig ag sydd yn Rhiwgoch, sef *Sequere justitiam et invenias vitam*). Gelli Iorwerth (Plas Capten), Trawsfynydd, oedd cartref Ithel ap Iorwerth a Gwenhwyfar, ond disgrifid eu mab fel William Lloyd o Riwgoch. Roedd y Llwydiaid yn deulu pwysig ym Meirionnydd a bu gor-ŵyr William, Robert Lloyd, yn AS dros Feirionnydd ym 1586, 1601 a 1614, yn ogystal â bod yn Uchel Siryf ar bedwar achlysur.

Cefnder i Robert Lloyd oedd y **Sant a'r Merthyr John Roberts**, gan fod Ellis, tad Robert Lloyd, a Robert, tad y Sant, yn ddau frawd. Ganwyd y Sant John Roberts yn Rhiwgoch ym 1577. Gwnaeth enw mawr iddo'i hun wrth gynorthwyo dioddefwyr y Pla yn Llundain. Mae parch arbennig iddo gan y Pabyddion, a ystyriai ei fod yn ail

Awstin, am mai ef oedd y mynach cyntaf i ddychwelyd i Loegr ar ôl i Harri'r VIII ddiddymu'r mynachlogydd. Bu hefyd yn gyfrifol am ailsefydlu ac ail-rymuso urdd y Benedictiaid yn Lloegr. Trideg a thair, yr un oed â Christ, oedd pan gafodd ei ddienyddio fel cosb am deyrnfradwriaeth. Diffoddwyd fflam yr Hen Ffydd pan daflwyd ei galon fawr i'r tân yn Nhyburn ar ôl ei grogi, ei ddiberfeddu a'i chwarteru ar y 10fed o Ragfyr 1610. Canoneiddiwyd ef fel un o Ddeugain Merthyr Cymru a Lloegr ar y 25ain o Hydref 1970 gan y Pab Pawl VI. (Er diddordeb, mae'r 34 merthyr Seisnig wedi'u hisraddio i Ŵyl y Gwynfydedig, tra bo'r chwe merthyr Cymreig yn dal i gael eu hanrhydeddu ar Ŵyl y Saint, sef y 25ain o Hydref).

1. Sant John Roberts gyda lleidr edifeiriol ar y grocbren yn Nhyburn; 2. Cerflun o Sant John Roberts yn Abaty Downside ger Caerfaddon

Maes y Magnelau

Daeth Ellis, mab Robert Lloyd, i olynu ei daid Hugh Nanney yn Uchel Siryf ym 1588 ac unwaith eto ym 1603. Bu farw ym 1616, flynyddoedd maith o flaen ei dad.

Catherine, merch Ellis, a'r olaf o linach y Llwydiaid, a etifeddodd yr holl eiddo. Fe briododd Henry Wynn, mab ieuengaf Syr John Wynn o Wydir. Tipyn o luosogydd oedd Henry gan iddo ddal swyddi Protonoteri Gogledd Cymru, Barnwr y Marshalsea, Stiward y Virge, Cyfreithiwr Cyffredinol i'r Frenhines Henrietta Maria ac Ysgrifennydd i Lys y Gororau. Bu'n AS dros Feirionnydd yn Senedd olaf Iago I, yn ogystal â Senedd gyntaf Siarl I a'i bymthegfed Senedd. Bu farw ym 1671 – mae'n debyg na welodd Rhiwgoch lawer ohono!

Mab Henry oedd Syr John Wynn o Riwgoch, Custos Rotulorum Meirionnydd o 1707 i 1708. Ef oedd barwnig olaf stad Gwydir, a thynged Rhiwgoch o hynny ymlaen oedd bod yn rhan o stad Wynnstay. Garddwr oedd Syr John, a greodd ellygen wy alarch bach, gellygen oedd yn boblogaidd iawn ac a enwyd ar ei ôl ef ym 1799. Mae yna draddodiad sy'n honni iddo esblygu'r ffrwyth yng ngerddi Rhiwgoch.

John Garnons yw'r nesaf i haeddu sylw.

Tenant i Wynniaid y Wynnstay ydoedd, ac yn perthyn trwy briodas i'r Llwydiaid gan iddo briodi Jane Roberts, wyres Catherine Lloyd chwaer Robert Lloyd. Roedd yn gyfreithiwr o fri yn Sesiynau sirol Meirion a Chaernarfon. I'r diben hwnnw cyflogai nifer o glercod mewn swyddfeydd ar lawr isaf yr adeilad. Ef oedd Uchel Siryf Sir Gaernarfon ac Ynad Heddwch Sir Feirionnydd. Ceir dyfyniad diddorol o ddyddiadur dynes o'r enw Elizabeth Barker ym 1783, lle mae'n nodi'r canlynol ynglŷn â rhannu ei ewyllys:

Capn. a Mrs Garnon gyda Miss Gwyn o Daliaris, Parch. Parry a'i wraig yn ddisgwyliedig yn Rhiwgoch ddydd Iau nesaf, i rannu eiddo personol y diweddar Mr Garnon, yn ôl sgwrs bwrdd-te Ellen Thomas, yr hon a ddywedodd ymhellach fod ei diweddar feistr wedi gwario dim llai na £3,000 ar Rhiwgoch, er mai dim ond tenant wrth ewyllys oedd, y tir a berthynai i Sr. Watkin Williams – wrth gwrs mae ei

blant yn edifar fod cymaint o arian wedi ei wario ar stad person arall yr hwn efallai na ddiolchir iddynt amdano.

Y teulu nesaf i fyw yn Rhiwgoch oedd y teulu Roberts (dim perthynas i'r Sant John Roberts). Cyfrannodd un ohonynt, David Roberts, £400 tuag at gynorthwyo'r Feibl Gymdeithas, a honnwyd y byddai'r weithred honno'n rhoi cryn enwogrwydd i'r teulu a'r plwy' 'tra rhed y dŵr'. Dyma'r darn perthnasol o'i ewyllys dyddiedig 22ain Medi 1856:

I give and bequeath to the 'British and Foreign Bible Society' instituted in London in the year 1804 the sum of four hundred pounds sterling I give and bequeath to the 'Missionary Society' usually called the 'London Missionary Society' instituted in London in the year 1795 the sum of two hundred pounds sterling I give and bequeath to the Rector and Church wardens for the time being of the said parish of Trawsfynydd one hundred pounds in Trust to lay out the same at interest and to distribute such interest yearly to the poor of the said parish of Trawsfynydd according to their discretion for ever. I also give and bequeath to the said Rector and Church wardens of the said parish of Trawsfynydd the sum of one hundred pounds in Trust to lay out the same at interest and apply such interest yearly for ever according to their discretion for the support of the National School at Trawsfynydd...

Ei frawd oedd John Roberts, a bu peth dirgelwch ynglŷn â hwn, fel y tystia'r adroddiad canlynol o'r *Dysgedydd*, Awst 1846:

Mehefin 11, 1846 bu farw John Roberts, Rhiwgoch, Trawsfynydd. Yr oedd y gŵr hwn wedi bod dros ugain mlynedd oddi cartref, fel na wyddai neb o'i berthnasau beth a ddaethai ohono. Ofnant hwy ac eraill ei fod wedi cyfarfod a rhyw ddamwain anhysbys er darfod amdano.

Byddai yn arfer myned i Loegr i werthu gwartheg, ac oddi yno y collwyd ef. Ond yn bur ddiweddar, cafwyd ei hanes yn glaf yn Cornwall. Aeth ei ddau frawd yno, a daethant ag ef adref i'w hen wlad, at ei ddwy chwaer ac un o'i frodyr, ger Llan Trawsfynydd, lle y bu farw. Ni fu erioed yn briod, na dim anghydfod, am a wyddom, rhyngddo a neb o'i deulu er achosi ei ymadawiad a'i ddieithrwch iddynt. Yr oedd hefyd yn berchen cyfoeth mawr, a gallasai fod mor gysurus gartref a neb yn y wlad honno. Yr oedd yn meddiannu y drydedd ran o wyth o dyddyn yn ei hen gymdogaeth, heblaw llawer o dda personol arall.

Clywsom ei fod yn mawr hoffi cyfeillach dynion crefyddol wedi dyfod adref, ac yn ewyllysio iddynt weddïo drosto – ei fod yn rhwydd cyfaddef iddo golli ei le trwy gadw ei hun o wybodaeth ei deulu, a thrwy hynny achosi iddynt gymaint o ofid.

Eglwys Sant Madryn, Trawsfynydd

Mae plac ar wal ddeheuol Eglwys Sant Madryn yn cofnodi'r teulu fel a ganlyn:

THE FAMILY OF RHIWGOCH

David Davies died 6th Dec 1781
Aged 24 years
Robert Roberts died 25 February 1787
Aged 12 years
Ann Davies died 20 March 1804
Aged 83 years
Robert Roberts died 21 January 1812
Aged 66 years
Jane wife of Robert Roberts died
July 14 1831. Aged 79 years
John Roberts died 11th June 1846
Aged 54 years
Jane Roberts died 14th February 1852
Aged 69 years
David Roberts died 19 June 1856
Aged 78 years
Elizabeth Roberts died 19th February
1860. Aged 74 years
Robert Roberts died 13th March 1871
Aged 80 years

Yn dilyn y teulu Roberts ddaeth y teulu Pugh. Roeddent yn perthyn i'r Roberts gan eu bod yn wyrion i Robert Roberts trwy briodas ei ferch Eleanor Roberts gyda Hugh Pugh, Argoed, Harlech. Roedd y rhain hefyd yn gysylltiedig â'r Llwydiaid ac yn un o deuluoedd hynaf yr ardal, yn uchel eu parch ac yn gyfranwyr mawr i'r gymuned amaethyddol. Robert Pugh oedd y tad, a chyflogai nifer o forwynion a gweision, yn ogystal ag ostler a chowmon. Ar ben hynny cyflogai hyd at 12 pladurwr

Plac y teulu Roberts yn Eglwys St Madryn

yn nhymor lladd gwair. Bu Griffith, ei fab, yn dilyn prentisiaeth fel saer a saer olwynion yng Nghroesoswallt ac wedi iddo gwblhau ei dymor, dychwelodd i'r Traws a sefydlu busnes yno. Yn ddiweddarach prynodd injan olew gyda generadur a batris er mwyn cyflenwi trydan i'r pentref. Bu'r diweddar William Williams, Brynllefrith, yn annerch Cymdeithas Hanes a Chofnodion Sir Feirionnydd ym 1971, pan oedd y gymdeithas ar ymweliad â safle Rhiwgoch. Cawsant eu syfrdanu wrth iddo ddangos cyrn tarw oedd wedi ei fagu yno, cyrn oedd mor llydan nes bod angen drws chwe throedfedd o led i'r tarw fynd trwyddo!

Dyled o Ddiolchgarwch

Wrth gloi'r darn yma o hanes Rhiwgoch, cawn gyfle i ddiolch i Mr Bradshaw. Ystyriwyd y syniad o ddefnyddio'r hen faenordy fel *mess* gan y *sappers* yng Nghaer ac mae'n debyg eu bod wedi datgan y byddai'n well ganddynt ei dynnu i lawr neu ei ddifrodi'n fewnol a'i droi'n stordy. Yn ôl yr ohebiaeth yn y Swyddfa Diroedd yng Nghaer, ni fuasai'r hen blasty'n cyrraedd y safon angenrheidiol ar gyfer adeilad o eiddo'r Llywodraeth. Arbedwyd Rhiwgoch gan sifiliad, un Mr Bradshaw, oedd yn gyflogedig yn adran Prif Swyddog y Peirianwyr Brenhinol. Gwnaeth y gŵr bonheddig hwn arolwg o'r safle a dod i'r canlyniad na fyddai'r gost o drwsio a thrawsnewid yr adeilad yn ddim ond £860 o gymharu â £1,600 am *mess* haearn rhychiog, ac ar ben hynny byddai'n fwy cysurus. Roedd ei adroddiad yn derfynol, a thrwyddo arbedwyd yr hen blasty. Fel y dywedodd yr uwchgapten R.P. Waller, M.C., R.A. ym 1934, 'P'run ai yw Mr Bradshaw yn fyw ai peidio i dderbyn ein diolch, mae ar y Gatrawd ddyled o ddiolchgarwch iddo.' Mi dybiwn i fod yr un diolch yn ddyledus iddo gan gymuned Traws, a hefyd i'r uwchgapten Waller am weld yn dda i gofnodi hanes un o blastai hynaf a phwysicaf yr ardal.

Parhaodd y fyddin i ddefnyddio'r lle fel *Officers' Mess* hyd at 1956. Yn niwedd y chwedegau gwerthwyd y plasty i'r ddiweddar Mrs Sally Snarr, Cross Foxes, Traws. Fe werthodd hithau'r lle ymlaen wedyn i gwmni'r pentref gwyliau tua 1974, ac ers hynny mae wedi newid dwylo eto unwaith neu ddwy.

Cylch Cerrig Penstryd

Mae'n debyg mai Cylch Cerrig Penstryd (OS 725312) yw heneb hynaf yr ardal. Saif y cylch ar ffridd 1,100 o droedfeddi uwchben lefel y môr, tua 300 llath i'r de-orllewin o Gapel Penstryd. Ceir hyd iddo ychydig droedfeddi i'r gorllewin o'r ffordd sy'n arwain at Graig Penmaen.

Yn y cylch mae chwe charreg o faintioli bychan gyda'u topiau wedi'u torri i ffwrdd, fel eu bod yn anodd eu gweld yn y brwyn. Mae pump o'r cerrig wedi'u gosod mewn cylch 56 troedfedd ar ei draws, gyda bwlch o ryw 21 troedfedd rhwng pob un. Saif y chweched garreg yn union y tu mewn i'r cylch, a phetai dwy garreg arall (sydd efallai ar goll) yn cael eu gosod 21

troedfedd o boptu iddi, byddai yno gylch perffaith o wyth carreg yn gymesur.

Dechreuodd Pobl y Biceri ymgartrefu yng Nghymru oddeutu 1900 CC, a nhw oedd yn gyfrifol am ddod â'r math yma o heneb i Gymru, sef cylch o feini hirion. Nid yw'n glir beth oedd eu pwrpas; tybir efallai mai perthyn i ddefodau crefyddol oeddent, neu ryw fath o fedd llafurfawr. Beth bynnag oedd pwrpas y cylch hwn, mae'n bwysig i'r ardal, gan nad yw cylchoedd cerig mor niferus yng Nghymru ag mewn ucheldiroedd eraill

Cylch Cerrig Penstryd –
tair carreg ar y chwith ac un ar y dde

Drosodd:
Ffordd filwrol ar y Feidiogydd

Maes y Magnelau

Llech Idris

Llech Idris (OS 731311) yw'r maen hir mwyaf adnabyddus yn ardal Meirionnydd, ac mae'n sefyll hyd ddau gae oddi wrth Fedd Porius i gyfeiriad y de-orllewin. Does dim gwybodaeth bendant pam y cafodd y meini hirion eu codi, ond mae'n amlwg iddynt fod yn gysylltiedig â'r hen lwybrau cynhanesyddol, llwybrau y bu rhai ohonynt mewn defnydd rheolaidd hyd y 18fed ganrif.

Arwyddbyst

Mae Llech Idris yn perthyn i gyfres o feini hirion sy'n cychwyn yn ardal Llanbedr, (oherwydd harbwr naturiol afon Artro i dderbyn cynnyrch efydd o ardal Wicklow yn Iwerddon). Mae'r gyfres wedyn yn arwain tu cefn i Landecwyn, trwy Gwm Moch i Gwm Cain, drosodd i'r Bala ac ymlaen i Sir Drefaldwyn at darddiad afon Hafren. O'r fan honno gellir dilyn yr afon i Wastadedd Caersallog (Salisbury) a Dyffryn Tafwys, sef canolfannau masnachol ac economaidd pwysicaf Prydain yn Oes yr Efydd. Felly, mae'n debyg iawn mai arwyddbyst oeddent.

Maen hir o dywodfaen caled yw Llech Idris. Mesurai 10½ troedfedd o uchder wrth 5 troedfedd o led, gyda thrwch o 12 modfedd. Gwyrai'r garreg ychydig tuag at y dwyrain. Pan oedd y fyddin yn ymarfer yn yr ardal yn y ganrif ddiwethaf, fel gyda Bedd Porius, codwyd ffens o'i hamgylch gyda seren haearn bwrw ar bostyn gerllaw fel rhybudd i gadw draw.

Greyenyn Mewn Esgid

Mae chwedl yn perthyn i'r maen, yn gysylltiedig ag Idris Gawr. Yn ôl y stori, roedd Idris yn eistedd ar ei gadair, sef mynydd Cader Idris, pan deimlodd rywbeth pigog yn ei esgid oedd yn ei boeni'n arw. Tynnodd yr esgid a darganfod greyenyn ynddi, ac yn ei dymer taflodd y greyenyn mor bell ag y medrai – sef i Gwm Cain – a dyna beth yw Llech Idris!

Yr Arglwydd Idris

Ni ddylid cymysgu rhwng yr Arglwydd Idris ac Idris Gawr. Roedd Idris yn arglwyddiaethu dros gymdogaeth Dolgellau a Llanelltyd yn y 7fed ganrif. Cafodd ei ladd wrth ymladd yn erbyn y Sacsoniaid rywle yng nghyffiniau'r Trallwng yn y flwyddyn 632. Roedd ei dranc mor drawiadol nes iddo gael ei gofnodi nid yn unig yn yr Annales

Cambriae ond hefyd yn y Croniclau Gwyddelig. Mae rhai o'r farn mai carreg i ddynodi ffin diriogaethol yr Arglwydd Idris yw Llech Idris.

Llech Idris o dan y sêr

Trychineb Feidiog Isa

'Danger Farm' oedd enw'r milwyr ar Feidiog Isa, dim ond un o'r nifer o ddyddynnod a hafodydd a ffurfiai gymuned Cwm Dolgain. Cyn i'r fyddin gymryd y cwm drosodd ym 1903, dyma oedd y prif anheddau, gan gychwyn ym mhen uchaf y cwm: Buarth Brwynog, Hafod y Garreg, Nant Lliwgys, Dôl Moch Isa, Dôl Moch Ucha, Feidiog Ucha, Feidiog Ganol, Feidiog Isa, Hafoty'r Plas (neu Foty Llelo ar lafar), Gelli Gain, Dôl Mynach Ucha a Llech Idris.

Mae tristwch rhyfeddol yn taro rhywun wrth feddwl fod digwyddiadau'r byd mawr wedi arwain at ddiwedd ffordd o fyw i gymdogion Cwm Dolgain, cwm anghysbell a diarffordd, cwm llawn bywyd, chwerthin a chwys llafur wrth i'r trigolion fynd ati'n feunyddiol i ailadrodd gorchwyl eu tadau a'u cyndadau o'r wawr hyd fachlud haul. Ond tristach fyth yw hanes Feidiog Isa un mlynedd ar hugain cyn i'r soldiwrs gyrraedd, pan chwalwyd y lle gan daranfollt a lladd dau o blant bach. Dyma'r hanes:

Natur Ddidostur

Nid yw Tachwedd yn nodedig am dywydd da ar y gorau, rhyw fis llaith a niwlog ydyw yn ôl traddodiad, ond am hanner awr wedi un yn y pnawn ar yr 8fed o Dachwedd 1882 fe ddangosodd natur ei hochr ddinistriol a didostur trwy storm o fellt a tharanau ofnadwy na allai neb gofio mo'i thebyg erioed o'r blaen. Cymaint oedd ffyrnigrwydd y storm nes i Edward Morris, bugail Dôl Moch, alw yn Feidiog Isa i lochesu rhag y tywydd dychrynllyd. Croeswyd ef i mewn gan feistr y tŷ, sef David Jones, a fyddai'n wynebu profedigaeth fwyaf ei fywyd mewn ychydig funudau. Roedd ei wraig, Gwen, wedi mynd ar neges i'r pentre' gyda'i chymydog, Ann Williams, Dôl Mynach, a dyna oedd y tro cyntaf iddi adael y tŷ ers misoedd oherwydd gwaeledd.

Tŷ wedi'i adeiladu gyda'r simdde yn y canol oedd Feidiog Isa, ffordd effeithiol iawn o rannu gwres i bob ystafell. Yn ôl y sôn, ar y pryd, roedd David Jones ac Edward Morris wrth ffenestr y talcen, Lizzie y ferch wrth fwrdd gyferbyn â'r ffenestr ffrynt, ac wrth yr aelwyd roedd y ddau fachgen ieuengaf, tra bod y mab arall gyda'i dad. Dyna'r olygfa yn nrama greulon natur, pan, ar drawiad amrant, chwalodd y simdde'n deilchion a dod â llawr y llofft i lawr gydag ef a chladdu'r ddau fachgen ieuengaf o dan bentwr pedair troedfedd a hanner o rwbel. Taflwyd Lizzie i ochr arall yr ystafell a'i breichiau a'i choesau'n gaeth dan y malurion a'i phen wrth ymyl ci Edward Morris a oedd yn farw wrth y dreser – ond yn rhyfeddol roedd Lizzie'n fyw! Roedd ei brawd deg oed, David, hefyd ar lawr ac yn dioddef llosgiadau trwm, tra bod y cymydog, Edward Morris, wedi ei

frawychu mor ofnadwy nes iddo fethu canolbwyntio na gwneud dim – a'i wallt, ei locsen a'i ddwylo wedi'u llosgi'n ddifrifol. Roedd David Jones, y tad, yn ffodus i ddianc heb ddim ond ychydig ddeifio i'w wallt.

Dechreuodd David Jones glirio i ryddhau Lizzie ar unwaith a hithau'n wylo'n ddi-baid a thorcalonnus o golli ei dau frawd arall. Ar ôl rhoi Lizzie a David, y mab, yng ngofalaeth Edward Morris er mwyn iddo yntau fynd â nhw i Ddôl Moch, aeth y tad ati wedyn i geisio cyrraedd y ddau frawd arall. Ond roedd y dinistr yn ormod i un dyn ei glirio, felly rhaid oedd gadael a mynd i chwilio am gymorth at gymydog arall, sef William Williams, Dôl Mynach. Daeth rhyw nerth mewnol rhyfeddol iddo, ac yntau mewn galar a gofid mawr, i'w alluogi i ddweud wrth ei gymydog beth oedd wedi digwydd.

'A oes neb o'r teulu yn fyw?'

Heliodd William Williams dri neu bedwar o gymdogion eraill at ei gilydd i ddychwelyd i Feidiog Isa er mwyn cyrraedd a rhyddhau cyrff y plant. Tua'r un pryd, yn dod o Foty Llelo ar ochr arall y cwm, ac yn ymladd ei ffordd trwy'r

Lleoliad Feidiog Isa tu ôl i Nant Ganol

llifogydd, roedd Ellen Roberts. Roedd hithau wedi gweld y difrod o bell ac wedi rhuthro yno i gynorthwyo mor fuan ag y medrai. Dyma gyfarfod y fintai fach o Ddôl Mynach nid nepell o'r tŷ, a phan sylwodd nad oedd yr un enaid byw i'w weld yno, gofynnodd yn bryderus a chwerw, 'A oes neb o'r teulu yn fyw?'

Cymaint oedd y difrod apocalyptaidd, un mlynedd ar hugain yn ddiweddarach gellid maddau i rywun am feddwl fod sielsan anferth wedi taro'r adeilad. Wrth nesu at y tŷ roedd yn anodd iddynt gymryd stoc o'r hyn roeddent yn ei weld; coed a cherrig wedi'u taflu hyd at ddau gan llath oddi wrth y tŷ, defaid wedi'u lladd a'u llosgi'n drwm, y ddaear yn rhychau drosti a'r rheini'n mynd i bob cyfeiriad, y pridd a'r gwair wedi llosgi hefyd, y ffenestri a'r drysau wedi'u malu'n yfflon, a dodrefn, llestri a dillad yn gymysg â'r coed a'r cerrig yn un pentwr fel golygfa o'r Blitz.

Aberth Coli

Cymerodd awr a hanner i dri o ddynion ddarganfod y plant. Roeddent dan yr argraff eu bod wedi gweld gwallt un o'r plant cyn sylweddoli mai Coli, yr ast ffyddlon a gwerthfawr, oedd hi. Gorweddai Coli ar frest ac wyneb Morris bach, pump a hanner mlwydd oed, fel petai'n aberthu ei bywyd i geisio'i arbed ef. Gorweddai corff y bachgen yno'n hollol ddianaf ac eithrio ychydig o losg ar ei glustiau a'i wallt, ac yn dal yn ei law roedd ei fwa saeth bychan.

Wrth glirio ychydig mwy daethpwyd o hyd i Robert bach annwyl oedd yn flwydd a hanner oed. Roedd argraff y fellten yn drwm ar ei wddf a'i wyneb bach tlws.

Cludwyd cyrff y rhai bychain at eu teulu i Ddôl Mynach, lle roeddent yn cael nodded yn eu hawr dywyll. Cynhaliwyd cwest gan G.J. Williams Ysw., Crwner y Sir, a dychwelwyd rheithfarn yn unol â'r amgylchiadau a nodwyd uchod.

Maent wedi eu claddu ym meddrod y teulu yng nghapel Penstryd. Carreg fedd ddigon syml sydd arni, heb unrhyw gyfeiriad at y drasiedi. Ar y bedd ceir y geiriau canlynol:

Er Cof Am
Morris mab David a Gwen
Jones Defeidiog Isaf yr hwn
A fu farw Tachwedd 8ed 1882
Yn 6 Blwydd Oed
Hefyd Robert eu mab yr hwn a fu
Farw yr un Dydd yn 1 Flwydd Oed

Wrth eu hochr mae bedd eu mam, Gwen, a fu farw ar y 23ain o Fawrth 1891 yn 54 mlwydd oed. Ar ôl ei marwolaeth symudodd David, ei gŵr, i fyw i Gae March, Llanfachreth. Cartref Siôn Ellis, tad Gwen, oedd Feidiog Isa, a sonnir i'r tŷ gael ei adeiladu ym 1857.

Y Safle Heddiw

Yn anffodus does dim olion gweladwy o Feidiog Isa bellach i'w canfod ar y safle, a hynny'n bennaf oherwydd ymdrechion y Comisiwn Coedwigaeth yn saithdegau'r ganrif ddiwethaf, pryd y plannwyd cannoedd o goed yno. Ond, hyd yn oed petai olion yr adeilad yno, ai hwn oedd safle'r Feidiog Isa a gafodd ei tharo gan fellten? Mae'n eithaf rhwydd darganfod y safle o'r lluniau milwrol sy'n bodoli – ond mae map Arolwg Ordnans (AO) o'r 19eg ganrif yn dangos ei leoliad tua 300 llath i'r de ac ar ochr orllewinol Nant Hir, nid yr ochr ddwyreiniol! Efallai i'r AO gael enwau ein tai a'n strydoedd yn anghywir, ond mae eu mapiau'n rhai dibynadwy iawn o ran cywirdeb nodweddion daearyddol, hyd yn oed yr hen fapiau. Felly, a gafodd Feidiog Isa ei ailadeiladu ar ôl y fellten ar safle gwahanol, ond gyda'r un dyluniad â chorn canolog?

Dyfynnaf ran o erthygl gan y diweddar William Williams Ysw, Brynllefrith, sy'n egluro mwy am yr unigolion a'u cysylltiadau fel a ganlyn:

Brodor o Lanuwchllyn oedd Edward Morris, bugail Dôl Moch. Yr oedd yn daid i Haf Morris, Dr Iwan Morris a'r gwyddonydd Dewi Morris, B.A. Lizzie y ferch a arbedwyd oedd mam y bardd Morris Jones, Gyfannedd, Arthog (gynt) sydd wedi priodi Kathi, chwaer Hedd Wyn. Mam Martin Lwther Jones, gorsaf-feistr olaf Trawsfynydd, oedd Miss Williams oedd gyda Gwen Jones pan ddigwyddodd y trychineb. Erbyn heddiw y mae llawer o ddisgynyddion Dafydd a Gwen Jones yn fawr eu parch yng nghyffiniau y Bala fel yn Nhrawsfynydd; dim ond nodi un fe ddeuir o hyd i'r gweddill.

Mab nad oedd adref ar ddiwrnod y trychineb oedd Evan, sef tad Ellen Roberts, priod y diweddar arwr Tryweryn, Dafydd Roberts, Cae Fadog. Y mab a arbedwyd wrth ochr ei dad oedd o'r un enw ag ef, sef Dafydd Jones, Yr Ynys, Dyffryn, a symudodd o Ddolgain pan ddaeth y milwyr i feddiannu'r cwm. Roedd craith y fellten ar ei war o hyd. Roeddynt fel teulu yn denoriaid da, ac wrth gwrs, taid i Mrs D.M. Davies, Glantegid, oedd William Eden Williams, y bardd o Ddolmynach, lle bu'r teulu anffodus yn aros am chwe mis yn yr hen dŷ. Clywais fy nhad yn dweud mai tair mellten fawr a fu, a chafwyd gaeaf anarferol o galed ar ôl hynny.

Carreg fedd Morris a Robert Jones, plant David a Gwen Jones. Mae bedd Gwen yn union i'r dde

Drosodd:
Lleuad dros y Feidiogydd

Cyn Dyfodiad y Milwyr

Dyma enwau'r ffermydd a'r tyddynnod yng Nghwm Dolgain cyn dyfodiad y milwyr:

Buarth Brwynog: pen uchaf dwyreiniol y Cwm

Hafod Garreg: ger Buarth Brwynog

Nant Lliwgys: rhwng Pont Cain a Buarth Brwynog

Hafoty Llelo (Hafoty'r Plas): rhwng Craiglaseithin ac Afon Cain

Gelli Gain: yr ochr isaf i ffordd Llanuwchllyn o dan Big Idris

Llech Idris: ychydig i'r gogledd o'r Maen Hir o'r un enw

Dôl Moch: ar Ffridd Dôl Moch – mae Dôl Moch Isa a Dôl Moch Ucha i'w cael rhyw 200 metr oddi wrth ei gilydd

Dôl Mynach: nid nepell i'r gogledd o Bont Dôl Mynach ar ochr ddwyreiniol Afon Cain

Dôl Mynach Isa: ger Pont y Llyn Du

Feidiog (Defeidiog) Ucha: ar Waen y Feidiog

Feidiog Bach (Defeidiog Ganol): ar Waen y Feidiog

Feidiog (Defeidiog) Isa (Danger Farm): ar Ffridd Harri Howel ger cymer Nant Ganol a Nant Hir

Tŷ Clap: ar dir Llech Idris

Foty Bryn Prys

Foty Harri Howel

Cae Gwragedd: ar dir Dolgain

Maesclawddffridd: ar dir Hafoty Bach, ar gyfer Dolgain

Hafoty Bach: ar ochr ddwyreiniol ffordd Beddcoedwr

Penmaen: i'r de o Graig Penmaen

Tyddyn Gwladys: i'r de o Bont Rhyd y Dail (Pont Gwynfynydd)

Penygraig: yn ardal Craig Penmaen

Rhan 2

Yma cawn olwg mwy manwl ar y maes tanio – yr angen amdano yn y lle cyntaf, pa fath o ymarfer oedd yn digwydd yno a'r angen i ymestyn y safle a'r protestio fu yn erbyn hynny.

Cyflwyniad

Mae hanes sefydlu Maes Magnelau, neu 'Ranges', Trawsfynydd yng Nghwm Dolgain ger Bronaber yn dyddio'n ôl i ddechrau'r ugeinfed ganrif. Cyn hyn roedd yn gwm hyfryd a'r tir wedi'i drin yn ofalus gan genedlaethau o amaethwyr cysylltiedig â'r tyddynnod a'r hafotai a fodolai yno. Fodd bynnag, o ran y darlun ehangach, hyd at y cyfnod yma cysidrai Prydain ei hun yn rym morwrol yn y bôn, gan gadw byddin broffesiynol fach yn unig i warchod ei buddiannau dros y dŵr. Ond o ganlyniad i wendidau a ddarganfuwyd yn ystod Rhyfeloedd y Boer, De Affrica (1899-1902), ynghyd â'r pryder ynglŷn â'r llymhelliad rheolwyr ac Ymerawdwyr yr Almaen, Rwsia ac Awstria, o ran eu hawydd i ehangu eu tiroedd, ac yn wir eu hatgasedd personol tuag at ei gilydd, llwyddodd Hwngari i berswadio'r Arglwydd Haldane, yr Ysgrifennydd Gwladol dros Ryfel, fod angen ailedrych ar strwythur milwrol Prydain.

Felly, er mwyn cadw nerth y fyddin barhaol, penderfynodd Haldane sefydlu ail reng allan o gymysgedd o filisia, gwirfoddolwyr ac iwmyn a oedd wedi ymffurfio i amddiffyn Prydain adeg Rhyfeloedd Napoleon. Y Llu Tiriogaethol (yn ddiweddarach y Fyddin Diriogaethol) oedd y rhain ac roeddent wedi'u harfogi a'u strwythuro fel y fyddin barhaol yn unedau a fyddai'n atgyfnerthu'r fyddin barhaol mewn gwledydd tramor. Felly roedd yn rhaid i'r Fyddin Diriogaethol gael hyfforddiant maes mewn magnelaeth ar y cyd â'r Fagnelaeth Frenhinol. Felly dechreuwyd ymarfer yng Nghwm Dolgain yn 1903.

Gwelwyd y gwersyll milwrol tymhorol cyntaf ar gaeau fferm Bryngolau ym 1903-04 (Gwersyll Bryngolau ger Yr Ysgwrn), a golygfa gyffredin i Hedd Wyn a'i deulu oedd gweld soldiwrs yn gorymdeithio drwy fuarth yr Ysgwrn cyn dringo dros Ffridd Ddu i Gwm Dolgain i ymarfer. Ar ôl hyn ym 1905, prynodd y fyddin Rhiwgoch a thiroedd Cwm Dolgain i bwrpas ymarfer a gwersylla. Yn y blynyddoedd cynnar cynhelid yr ymarfer rhwng dechrau Mawrth a diwedd Medi. Bu cynnydd sylweddol ar ymarfer yn ystod cyfnod y

Rhyfel Mawr, a defnyddiwyd y lle hefyd fel gwersyll carcharorion rhyfel. Wrth i fasnacheiddio gynyddu, sefydlwyd pentref bychan wedi'i adeiladu at y pwrpas, a'i enwi ar ôl fferm gerllaw, Bronaber. Buan y cafodd ei fedyddio'n 'Tin-town'.

Erbyn yr Ail Ryfel Byd, roedd adeileddau mwy parhaol wedi disodli'r pebyll fel llety. Unwaith eto, defnyddiwyd y safle fel gwersyll carcharorion rhyfel er, y tro hwn, Eidalwyr yn hytrach nag Almaenwyr oedd y carcharorion.

Ar ôl yr Ail Ryfel Byd, aeth y gwersyll yn llai pwysig, ond fe'i defnyddid fel maes tanio ar gyfer arfau oedd heb eu defnyddio, a gludid ar y rheilffordd i Drawsfynydd, ac yna ar lorïau i'r Mynydd Bach er mwyn eu ffrwydro.

Gwersyll Bryngolau, ger Yr Ysgwrn, cyn 1905

Maes y Magnelau 49

Y Tir – O Dde Affrica i Gwm Dolgain

Cafodd Rhyfeloedd y Boer dipyn o ddylanwad ar y penderfyniad i ddefnyddio Cwm Dolgain, a hynny am nifer o resymau. Yn gyntaf, roedd rhyfeloedd milwrol Prydain wedi digwydd ar gyfandir cymharol wastad Ewrop, lle medrai'r gelyn weld ei gilydd o fewn hyd ychydig gaeau. Yn Ne Affrica roedd y tir yn fwy mynyddig, ac o ganlyniad roedd rhaid defnyddio techneg newydd o danio at elyn oedd o'r golwg i bob pwrpas, yn ddiogel y tu ôl i amddiffynfa naturiol tirwedd y wlad. I'r perwyl hwn, gwelwyd fod Cwm Dolgain yn gyffelyb iawn oherwydd ei leoliad mynyddig i diroedd De Affrica. Roedd mawndir y cwm hefyd yn ddelfrydol gan y byddai'n caniatáu i'r magnelau suddo i mewn iddo heb achosi difrod a shrapnel i'r un graddau ag a geid ar dir caletach. Wrth gwrs, achosodd hyn broblemau tymor hir i'r Weinyddiaeth Amddiffyn gan fod y magnelau'n gweithio'u hunain i'r wyneb yn rheolaidd, a bu'n rhaid eu casglu a'u gwneud yn ddiogel o dro i dro tan yn gymharol ddiweddar.

Tir yn mesur 6,177 o erwau a brynwyd gan y fyddin yn wreiddiol i bwrpas ymarfer magnelaeth, gan gynnwys tiroedd Cwm Dolgain a Rhiwgoch i'r dwyrain o'r A470, gyda thiroedd draw at Lan Llynnau Duon a'r Grawcwellt i'r gorllewin – lle byddai'r gynnau mawr yn tanio dros ben y gwersyll a Chapel Penstryd draw cyn belled â ffriddoedd Harri Howel, Bryn Pierce a Dôl Moch.

O gofio cysylltiad De Affrica, mae'n ddiddorol nodi wrth edrych ar fap o'r maes tanio a wnaethpwyd ym 1911, i'r syrfëwr gyfeirio at un o'r corlannau defaid ar ffridd Dôl Moch fel 'Kraal', sef gair De Affrica am gorlan.

Mae'r map yn dangos hefyd fod y fyddin wedi adeiladu ffordd newydd o groesffordd Rhiwgoch at Benstryd. Yn wreiddiol byddai'r ffordd yn mynd yn syth i fyny'n serth dros y bryn o'r groesffordd, rhywbeth nad oedd yn ddelfrydol o ran defnydd ceffylau'n tynnu gynnau mawr, felly aethpwyd tua'r gogledd gan ddilyn amlinell y bryn a chodi'n raddol at

1. Tanio Gynnau Mawr;
2. Maes tanio 'Ranges' Trawsfynydd;
3. 'Tin Town' pentref Bronaber

③

Penstryd. Gelwid y ffordd yn 'North Stafford Road', a hon a ddefnyddir hyd heddiw i fynd i Gwm Dolgain.

Nodwedd arall ddiddorol ar y map uchod yw'r cyfeiriad at 'Bathing Pool' yn un o byllau afon Eden rhwng Orsedd Las ac Ynys Thomas. Lle braf yn ddiau i filwyr fynd i ymdrochi ar noswaith braf o haf!

Eiddo stad Syr Watkin Williams-Wynn o Wynnstay oedd y tiroedd a brynwyd gan yr Adran Ryfel ar yr 20fed o Fawrth 1905 am £28,500. Mae'r tabl ar y dudalen gyferbyn wedi'i atgynhyrchu o'r gweithredoedd gwreiddiol, yn dynodi'r safleoedd gwahanol a'u maint.

North Camp o North Stafford Road

No. on rental	Tenement		Acreage		
			A.	R.	P.
1673	Hendre Caerhonydd (part of) *		40	1	19
1674a	Dolymoch		201	3	31
1674	Tyddyndu		178	1	16
1675	Defeidiog Ganol		128	2	7
1676	Defeidiog-isaf		394	2	2
1678	Dolymynach		204	1	31
1679	Dolhaidd		118	3	10
1679a	Part of Dolydd Prysor and Buarth Brwynog		171	0	13
1681	Glanllyniau		53	2	6
1682	Gilfachwen		177	1	6
1683	Gors		238	0	8
1683a	Gelligain		87	2	23
1684	Llech Idris	128a. 1p. 35p.			
1685 pt.	Hafod y Garreg	69a. 0r. 24p.	197	2	19
1686	Rhiwgoch and Penstryd		501	3	18
1686a	Tynllain (originally part of Rhiwgoch and Gilfachwen)		6	1	16
1688	Tyddynmawr		289	1	26

Unenclosed land

1685 pt.	Deugain**		36	0	11
	Mynydd Bach	about 523a. 0r. 24p.			
	Mynydd Dolymoch	about 1050a. 0r. 31p.	1573	1	15
	Mynydd Penstryd		1577	0	1
			6177	0	38

* *Hendre Caerhonydd = Hendre Bryncrogwydd?*
** *Deugain = Dolgain?*

Drosodd·
Arwydd Perygl Ffrwydr

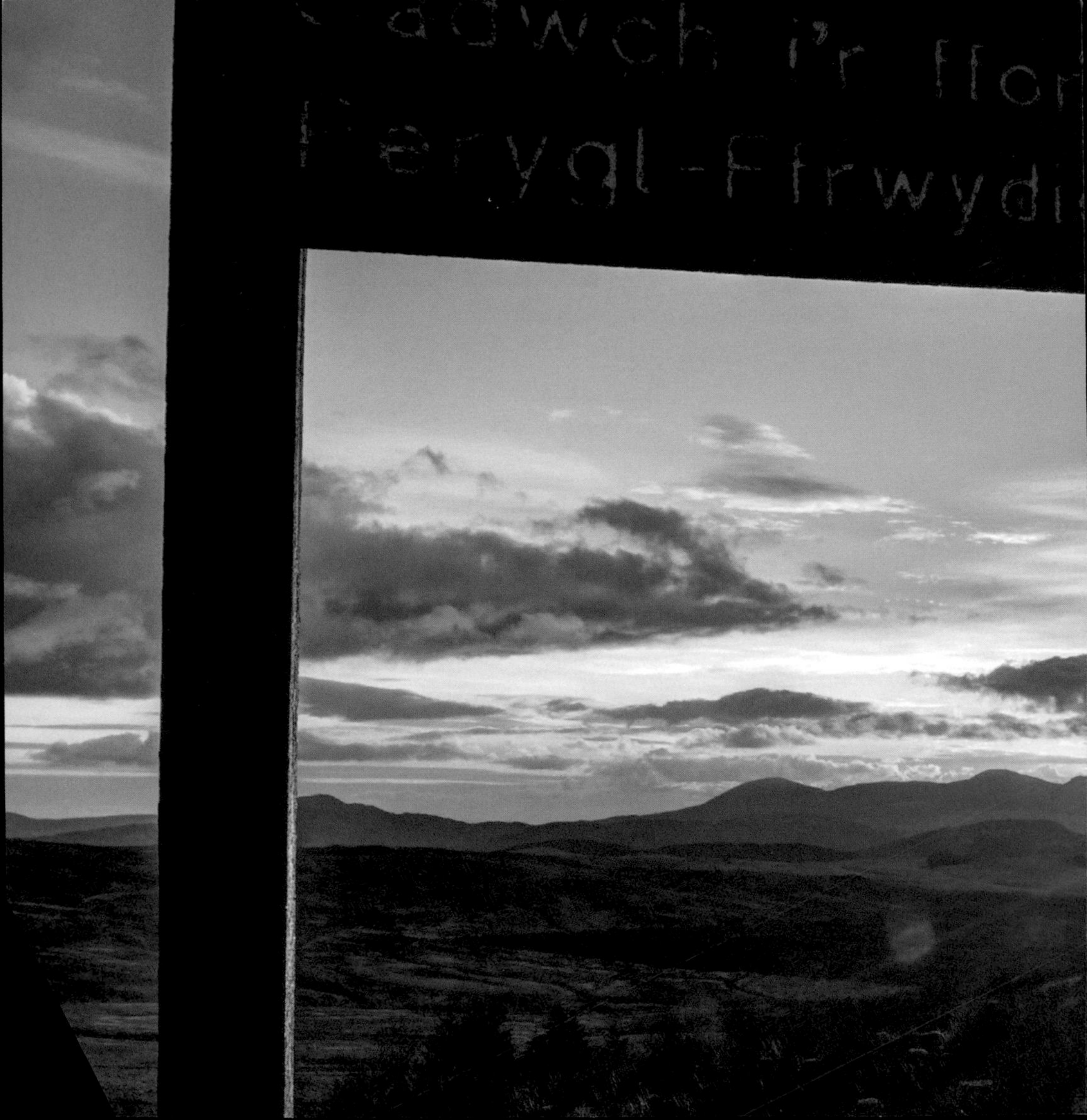

Problemau Cludiant

Gorsaf reilffordd Trawsfynydd oedd cyflwyniad cyntaf y milwyr i'r ardal cyn iddynt fynd ar eu ffordd i Fronaber. Yn y blynyddoedd cynnar golygai hyn fod rhaid i'r milwyr a'u ceffylau, oedd yn llusgo'r gynnau mawr, drafaelio drwy'r pentref, ac nid camp hawdd oedd hon chwaith. Yn gyntaf roedd yn rhaid mynd i lawr rhiw serth Rhiw Pen Cefn o'r Stesion tuag at ganol y pentref. Roedd perygl i'r ceffylau golli rheolaeth ar eu llwyth, rhywbeth fyddai'n digwydd o dro i dro, ac felly adeiladwyd dwy ddihangfa yn y waliau cynnal er mwyn i gerddwr fedru dianc iddynt petai argyfwng o'r fath.

Yr ail broblem oedd dringo rhiw Highgate (Llys Ednowain bellach) a throi yn y groesffordd ar gyfer Glasfryn – roedd y ffordd yn fwy serth a'r tro yn un llawer mwy cyfyng yr adeg honno. Er mwyn datrys y broblem, cynigiodd y Peirianwyr Brenhinol dorri ffordd newydd o'r stesion ar hyd rhan o'r hen ffordd Rufeinig, Sarn Helen, draw at Wern Gron cyn troi i'r gorllewin a chysylltu'n ôl gyda'r pentref ger Pont Trawsfynydd. Bu'r cynnig hwn yn destun trafodaeth gan y Cyngor Plwyf am bron i ddwy flynedd hyd Ragfyr 1906. Nid yw'n glir beth oedd yn rhwystro penderfyniad ganddynt, er mai cyfrifoldeb y Cyngor Sir oedd priffyrdd, yn amlwg, ac iddynt ddweud hyn wrth y Swyddfa Ryfel fwy nag unwaith. Beth bynnag, cytunodd y fyddin i gyfrannu £1,000 tuag at y ffordd ar yr amod fod y Cyngor Sir yn cymryd cyfrifoldeb drosti wedyn o ran ei chynnal a'i chadw – ac felly cytunodd y Cyngor Plwyf i gefnogi'r cynllun.

Stesion Filwrol

Er bod pethau'n fwy hwylus bellach o ran symud arfau, dynion a cheffylau i Fronaber, roedd yn creu tagfeydd yn yr orsaf drenau, oedd bellach yn gorfod delio gyda defnydd sifil, nwyddau a milwyr gyda'u holl offer. Felly ym 1911 adeiladwyd gorsaf filwrol arbennig i'r gogledd o'r un wreiddiol, sef Stesion Newydd fel y'i hadnabyddir ar lafar, a hynny ar gost o £10,030; roedd yn cynnwys dau blatffform, un yn 477 troedfedd o hyd a'r llall yn 451 troedfedd. Adeiladwyd sgrin bren 7 troedfedd o uchder ar hyd y platffform i

1. Map o 1911 yn dangos maint y maes tanio; 2. Dychwelyd o'r ymarfer; 3. Paratoi i ymarfer

guddio symudiadau'r brif reilffordd o olwg y ceffylau (ond nid y sŵn!). Ar fuarth y milwyr ceid adeiladau fel warws, dau adeilad toiled ac ystafell i'r gard.

Wrth edrych ar enghraifft o hysbysiad am 'Special Troop Trains from Trawsfynydd to Reading and Swindon Town' ar Fehefin 19eg 1919, mae'n ddiddorol nodi'r canlynol:

	Officers	Men	Guns and Limbers	Chargers	Horses	4-Wheel Wagons	2-Wheel Wagons	Cycles	Baggage Tons
No. 3	-	-	-	-	215	-	-	-	-
No. 4	4	77	4	6	164	1	2	-	4

No. 3 Train for Reading
No. 4 Train for Swindon Town

Mae'n anodd i ni heddiw gredu faint o geffylau a ddefnyddid gan y milwyr: fe welir o'r tabl uchod fod cyfanswm o 385 ohonynt (gan gynnwys y 'chargers').

Roedd stablau arbennig i'r ceffylau yn y gwersyll a byddent yn mynd â nhw am dro ar ddydd Sul o Fronaber at safle mynedfa'r Atomfa heddiw cyn troi'n ôl am y gwersyll. Medrwch ddychmygu fod sŵn rhyfeddol wrth i tua chant o geffylau a'u carnau deithio trwy'r pentref. Gwelwyd yn dda gan Mr Evan Jones, Clerc y Cyngor Plwyf, i gwyno wrth y Swyddfa Ryfel am symudiadau ar y Sul ym Mehefin 1910, a chafwyd ymateb gan gyfarwyddwr y Swyddfa Ryfel yn gofyn iddo am enghreifftiau gyda dyddiadau ac enwau'r unedau.

1. Grenade Range Bryn Perfedd;
2. Grenâd o wneuthuriad Mills

Byddin India

Roedd cludiant yn broblem yn ddiweddarach yn ystod yr Ail Ryfel Byd hefyd, ac ymsefydlodd 'K Force' o'r RIASC ('Royal Indian Army Service Corp') am ychydig fisoedd yn yr ardal, a hynny oherwydd bod byddin Prydain erbyn hyn bron yn hollol fecanyddol o ran trafnidiaeth, ond bod y tywydd gwlyb yn Ewrop wedi creu trafferthion mawr iddynt wrth i'w cerbydau a'u lorïau fynd yn sownd yn y mwd! Golygai hyn nad oedd yn bosib symud ymlaen na gwneud cynnydd, a'r unig fyddin gyfeillgar yn y byd oedd yn dal i ddefnyddio mulod oedd byddin India. Felly ar gais llywodraeth Prydain gwirfoddolodd milwyr India a'u mulod i gynorthwyo, ac yn fuan iawn roedd ymdrech y rhyfel yn ôl ar ei draed. Roedd y 'K Force' yn gwmni di-arfau yn Dunkirk ac o ganlyniad i'w profiadau penderfynwyd y dylent dderbyn hyfforddiant mewn

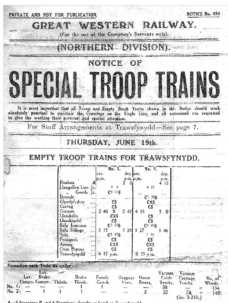

NOTICE No. 534

GREAT WESTERN RAILWAY.
(For the use of the Company's Servants only.)

(NORTHERN DIVISION).

NOTICE OF

SPECIAL TROOP TRAINS

It is most important that all Troop and Empty Stock Trains shown in this Notice should work absolutely punctual to maintain the Crossings on the Single Line, and all concerned are requested to give the working their personal and special attention.

For Staff Arrangements at Trawsfynydd—See page 7.

THURSDAY, JUNE 19th.

EMPTY TROOP TRAINS FOR TRAWSFYNYDD.

Rhybudd Trenau Byddin Arbennig

defnyddio arfau. Felly daethant i ymarfer i'r Traws ym misoedd gwanwyn 1942. Oherwydd eu traddodiadau bwyta cig a'u ffydd wahanol cawsant ganiatâd i gadw'u defaid mewn cae yn ardal y Stesion er mwyn eu lladd yn null Halal. I'r perwyl hwn, gwelir o ddyddiaduron '47 Supply Depot' Trawsfynydd, ar yr 28ain o Fawrth 1942, fod 'Six butchers despatched by rail to Trawsfynnedd' (sic).

1. Y Stesion Filwrol heddiw;
2. Y Stesion Filwrol;
3. Cael trafferth llwytho ceffyl

Drosodd:
Enfys ar y 'Ranges'

Cymdeithasol

Fel ymhob oes, roedd y milwyr yn hoffi mynd am beint bach, a cheir stori fach ddoniol amdanynt yn y Ring (Cross Foxes). Roedd Miss Pugh, Bryn Gwyn, wedi gwerthu llain o dir i'r gymuned i greu gardd goffa er cof am y rhai a gollodd eu bywydau yn y Rhyfel Mawr, sef Bryn y Gofeb. Cydsyniodd hefyd i'w garddwr gadw golwg a chynnal y safle. Beth bynnag, roedd hi wedi gwneud haf gwlyb iawn, bron yn amhosib i dyfu unrhyw flodyn na llysieuyn, ac roedd y ddau'n trin a thrafod hyn.

Gofynnodd Miss Pugh sut roedd y garddio'n dod ymlaen, ac atebodd y garddwr, 'Mae gen'i ofn, Miss Pugh, fod y glaw di-baid yma'n ei gwneud hi'n amhosib trin y tir na'r blodau'.

'Diar annwyl, bechod am hynny,' meddai hithau.

Aeth y garddwr ymlaen i ofyn, 'Miss Pugh, wyddoch chi beth yw 'glaw' yn Saesneg?' Yn sicr roedd hi'n gwybod, ond er mwyn bod yn gymdeithasol mae'n debyg y cymerodd arni na wyddai beth oedd o. 'Wel, Miss Pugh, dwi 'di bod yn gwrando ar y soldiwrs yn y Ring a dwi 'di'u clywed nhw'n dweud sawl gwaith mai 'f...ing rain' ydi o'. Dweud hyn yn hollol ddiniwed wnaeth y garddwr wrth gwrs, gan mai Cymraeg oedd ei unig iaith – dyn a ŵyr beth oedd ymateb Miss Pugh!

Pan oedd y gwersyll milwrol yn ei anterth yn negawdau cynnar y ganrif ddiwethaf, byddai'r milwyr yn dod â'u dillad budr i'w golchi at wragedd Stryd Faen, a gorchwyl un o'r rheini fyddai cario galwyni o ddŵr o Ffynnon Cwrclis i bwrpas y golch wythnosol. Byddai'r ychydig geiniogau a gâi'r gwragedd yn ychwanegiad gwerthfawr iawn i'w lwfans cadw tŷ. Tra byddent yno gyda'u dillad, byddai'r milwyr yn gadael i'w ceffylau bori yng Nghae Garnau, y tu ôl i Stryd Faen. Wedyn byddent yn manteisio ar y cyfle i brynu potel o 'Gwrw Bach Elin Owen' dros wal gefn yr Efail gyfagos, am 3 ceiniog y botel!

Ceir enghreifftiau hefyd o rai o ffermydd yr ardal yn elwa o wastraff bwyd y milwyr i'r pwrpas o fwydo moch yn rhad ac am ddim.

Mân Ddeddfau

Soniais eisoes am y berthynas anesmwyth a'r anghydfod a godai o dro i dro rhwng Cyngor Plwyf Traws a'r awdurdodau milwrol, a da o beth oedd hynny gan ei fod yn rhoi cipolwg i ni ar ddiwylliant cefn gwlad y cyfnod, fel y gwelwn yn saga Mân Ddeddfau 1908.

Ysgrifennodd y Cyngor Plwyf at y Swyddfa Ryfel ar yr 11eg o Chwefror 1908 i ddatgan eu gwrthwynebiad i gynnwys drafft o'r mân ddeddfau ac o ganlyniad, cynhaliodd Brigadydd y Camp gyfarfod gyda'r Cyngor er mwyn eu tawelu a chynnig cyfaddawd.

Ymddengys fod tri mater o bwys oedd yn galw am sylw ym marn y Cyngor, a bod angen eu cynnwys felly yn y mân ddeddfau, sef: beth i wneud pan fo angen croesi'r maes tanio mewn argyfwng, trefn y tanio ar ddydd ffair, a'r drefn parthed defaid oedd wedi eu lladd. I'r perwyl hwn darparwyd 'Cyfarwyddiadau Arbennig Perthynol i Fân Ddeddfau Maes Magnelau Trawsfynydd'. Gwelir nodyn ar frig yr atodiad hwn i'r mân ddeddfau yn nodi mai dim ond at y flwyddyn 1908 yr oedd y rhain yn cyfeirio.

Ar gwestiwn croesi'r 'ranges' mewn

Bryn y Gofeb, Sul y Cofio 2014

argyfwng o gyfeiriad Bryn Gath at Bont Dôl Mynach, byddai polyn fflag yn cael ei osod ar ffin ddwyreiniol tiroedd y Swyddfa Ryfel gyda fflag felen arno i'w godi mewn achos o argyfwng. Byddai fflag felen arall yn cael ei chodi gan y milwyr ar eu safle ar Ffridd Cefn Llwyd i gydnabod y cais. Byddai'n rhaid i'r sawl a gododd y fflag gyntaf ei thynnu i lawr wedyn a phrysuro ymlaen i Benstryd. Nodwyd mai dim ond mewn achos o argyfwng mawr y dylid gwneud hyn!

Ceir hanesyn bach digri am gyfaill o ochrau Abergeirw a fentrodd i gyfeiriad

Gun Park Penstryd

Traws heb fynd trwy'r drefn o godi'r fflag felen. Aeth yn ei flaen ar hyd y ffordd, ac ar ôl iddo gyrraedd y sentri bocs wrth Penstryd cafodd ei stopio gan y sarjant oedd ar ddyletswydd a chael cerydd garw ganddo am ei ffolineb. Aeth wedyn i rannu ei brofiad gyda ffrind, a holodd beth ddywedodd y sarjant wrtho. 'Nes i'm 'i ddeall o'n iawn,' meddai, 'Ond gwaeddodd rywbeth arna'i am "blow your f...ing head off"!' Rhaid cofio wrth gwrs mai iaith ddieithr oedd Saesneg i'r ardal yr adeg honno, er, mi dybiwn fod y neges yn eithaf clir!

Ffeiriau'r plwy' oedd yr ail fater o gonsyrn. Roedd pedair ffair yn cael eu cynnal yn y plwy, ffeiriau cyflogi tymhorol pwysig er mwyn cynorthwyo gyda llafur y ffermydd. Felly ar ddiwrnod ffair cytunwyd na fyddai unrhyw danio'n cychwyn cyn 10 o'r gloch y bore ac y byddai'n gorffen mor fuan â phosib, ac na fyddai unrhyw danio yn y nos ar ddiwrnod ffair. Hefyd, byddai'n rhaid i'r Cyngor Plwy' roi da rybudd o ddyddiadau'r ffeiriau i'r milwyr.

Defaid

Y trydydd brif fater oedd defaid, neu'n hytrach beth i'w wneud gyda'r rhai oedd wedi eu lladd trwy ddamwain. Yn ôl rheol 7 byddai defaid oedd wedi eu lladd yn cael eu gadael heb eu cyffwrdd am 24 awr, ond dim hirach. Yn rheol 8 nodwyd y byddai cydnabyddiaeth i hawlio dafad wedi ei lladd yn cael ei rhoi gan y swyddog perthnasol.

Erbyn 1941 cyhoeddwyd mân ddeddfau mwy cynhwysfawr oedd yn egluro hawliau'r fyddin i danio gydag unrhyw arf o unrhyw fath pan fyddai'r fflagiau coch yn chwifio ac eglurhad o ffiniau'r ardal a lleoliad y fflagiau coch fel a ganlyn:

1. FFRIDD CEFN LLWYD
2. CRAIG-LAS-EITHIN
3. MOEL OERNANT
4. GALLT-Y-DARREN
5. PEN-Y-FEIDIOG
6. PEN-Y-CWM
7. PANT GLAS Gate.

Roedd yn drosedd i unrhyw un heb ganiatâd fod yn yr Ardal Perygl, gan gynnwys unrhyw gerbyd, anifail neu beth, heblaw anifeiliaid pori, a hynny ar risg y perchennog. Byddai dirwy o hyd at £5 yn disgwyl unrhyw droseddwr a byddai hawl ychwanegol i atafaelu a fforffedu unrhyw gerbyd, anifail neu beth a fyddai wedi ei adael yn yr ardal.

Rhoddwyd sylw arbennig i ddoctoriaid a'u tebyg yng nghyswllt croesi mewn argyfwng o gyfeiriad Bryn Gath i Benstryd neu Bont Llyn Du i Benstryd yn rheol 3(i). Byddai'n rhaid iddynt roi gwybod i'r gwyliwr ar ddyletswydd ac wedyn aros nes byddai hwnnw wedi derbyn caniatâd y penswyddog iddynt basio. I unrhyw rai eraill, byddai'n rhaid iddynt gyflwyno'u hunain i'r gwyliwr am hanner dydd wrth adwy Pant Glas, Penstryd neu Bont Llyn Du ac os byddai amgylchiadau'n caniatáu rhoddid hawl iddynt groesi.

Unwaith eto mae'r 'Rhagofalon Arbennig' tua chefn y ddogfen yn rhoi sylw i ddefaid gan gyfeirio at ffens oedd yn 2,500 llath o hyd ar ochor ddwyreiniol Llechwedd Gain ac i'r gorllewin o afon Gain i'r pwrpas o leihau anafiadau i ddefaid. Gyda llaw, mae rhai o byst yr hen ffens yn dal i sefyll hyd heddiw. Y sôn yw bod dafad wedi ei lladd gan sielsan yn werth mwy nag un yn y mart – o ganlyniad, ac yn rhyfedd iawn, roedd bylchau'n ymddangos yn y ffens yn reit aml! Rhaid wedyn oedd mynd â chlustiau'r ddafad at y swyddog ar ddyletswydd yn 'Danger Farm' (hen ffermdy Feidiog Isa) er mwyn cael iawndal amdani.

Nid y magnelau oedd yr unig broblem i'r defaid chwaith. Wrth fugeilio'r ardal ar gyfnodau o dywydd gaeafol fe ddarganfu'r diweddar Hugh Rowlands, Dolgain, nifer ohonynt wedi'u claddu dan eira trwm yn y 'dugouts' ac o ganlyniad wedi marw.

1. Sentri Bocs Penstryd; 2. Polion ffens lle byddai ffens i rwystro defaid rhag crwydro a chael eu hanafu; 3. Sylfaen fflag Moel Oernant; 4. Hen fagnelau ar ben wal derfyn Ffridd Wen

Balŵn

Fel y soniais o'r blaen, roedd ymladd ar dir mynyddig fel De Affrig yn rhyfeloedd y Boer wedi dangos fod angen techneg newydd i danio magnelau heb weld y gelyn. Un o'r technegau a ddefnyddiwyd oedd y balŵn arsylwi neu'r 'Observation Balloon'.

Roedd balŵn o'r fath yn y Camp ac fe'i cedwid mewn gorsaf arbennig a elwir hyd heddiw yn 'Twll Balŵn'. Gwelir y safle ar y llaw dde ar y ffordd sy'n arwain o Riwgoch i Gilfachwen – ceir yno hefyd olion pedwar cylch haearn a ddefnyddid i angori'r balŵn. Balŵn o ddyluniad Ffrancwr, Caquot, a ddefnyddid yn y Camp, gyda thair asgell arni er mwyn ei sefydlogi yn yr awyr. Nwy hydrogen oedd yn caniatáu iddi hedfan, gyda dau arsylwr ar ei bwrdd, neu'n hytrach mewn basged o blethwaith gwiail yn hongian o dani. Byddai ganddynt sbienddrych, radio a chamerâu hirbell er mwyn cadw golwg ar yr ymarferiadau ac i roi cyfarwyddiadau ynghylch lleoliad y targedau.

Gyda'r cefndir yna, cawn hanesyn diddorol a ymddangosodd yn y Times ar y 13eg o Fehefin 1930 dan y pennawd trawiadol: 'Adrift In Balloon – Flying Officer Suspended Head Downwards'. Mae'r erthygl yn disgrifio sut y bu i'r Flying Officer Pelham Groom a Sarjant G.W. Robinson gael 'antur gyffrous' ar ôl i'w balŵn dorri'n rhydd o'i angorfeydd a drifftio 15 milltir! Roedd y ddau'n aelodau o'r 'Kite Balloon Detachment' a berthynai i'r Llu Awyr Brenhinol oedd wedi ei leoli yn y Camp. Roeddent wedi bod yn arsylwi ar yr ymarfer tanio gynnau pan dorrodd y balŵn yn rhydd wrth gael ei dynnu i lawr (mae rhai'n amau nad trwy ddamwain y digwyddodd hyn!). Cawsant eu bod yn esgyn yn gyflym i uchder o rai miloedd o droedfeddi. Drifftiodd y balŵn wedyn dros fynyddoedd Arennig tuag at y Bala. Mae'r adroddiad yn dweud hefyd iddo ddod yn agos iawn at daro gwifrau trydan ar un adeg! Yn ardal Cwm Tirmynach, daeth y balŵn i lawr yn ddigon agos i'r ddaear i'r ddau geisio neidio allan. Llwyddodd Robinson, ond nid heb anafu ei lygaid a chael ei ffwndro am ennyd. Pan safodd ar ei draed fe sylwodd fod y balŵn yn drifftio eto a bod Pelham Groom wrth geisio neidio allan wedi llwyddo i gael un goes yn

1. *'Twll Balŵn' Gorsaf y Balŵn;*
2. *Balŵn Arsylwi uwchben y Gwersyll;*
3. *Cylch angori'r Balŵn*

sownd yn y fasged a'i fod o ganlyniad yn hongian o'r ddyfais â'i ben i lawr! Dilynodd Robinson y balŵn, oedd yn taro yn erbyn y ddaear bob hyn a hyn cyn esgyn unwaith eto, gyda'r swyddog yn gynddeiriog ymbalfalu i gael ei goes yn rhydd. Â'r adroddiad ymlaen i ddweud fod Robinson wedi rhedeg dwy filltir dros wrychoedd, llwyni, corsydd a ffosydd cyn dal i fyny efo'r balŵn wrth Fferm Hafod yr Esgob a rhyddhau Pelham Groom, a oedd er gwaetha'r antur yn ddianaf. Aeth y balŵn ymlaen ar ei daith i gyfeiriad Corwen. 'Mae arna'i 'mywyd i weithred ddewr Sarjant Robinson,' meddai'r Flying Officer Pelham Groom ar ôl y digwyddiad.

Mab Buffalo Bill

Er bod y gwynt yn elyn mawr i'r balŵn, roedd yn gyfaill mwy i'r barcud – a dyna ble y daw mab Buffalo Bill i mewn i'r stori, neu S.F. Cody i ddefnyddio'i enw iawn. Bu achos llys gan asiant William Cody (y 'Buffalo Bill' gwreiddiol) yn erbyn S. F. Cody i'w rwystro rhag galw ei hun yn 'Son of Buffalo Bill'. Roedd gan y ddau 'Wild West Show' ac roeddent yn edrych rhywbeth tebyg i'w gilydd a dyna mae'n debyg oedd gwraidd y dryswch (ac S.F. yn

manteisio ar enw'r llall). Bu Cody'n gwersylla o dan gynfas yn y Camp o'r 6ed tan yr 17eg o Awst, 1906. Y rheswm dros hyn oedd ei fod wedi dyfeisio barcud a fedrai gario dyn i bwrpas arsyllu. Fel diddanwr yr adnabyddir Cody yn bennaf, ond roedd hefyd yn ddyn busnes a dyfeisiwr llwyddiannus. O ganlyniad fe

Alan Ladd ar leoliad yn y Ranges tra'n ffilmio'r Red Beret *yn 1952*

arwyddodd y Fyddin Brydeinig gytundeb gydag ef i fod yn gyfrifol am ddylunio a chynhyrchu barcutiaid yn ogystal â bod yn brif hyfforddwr barcutiaid. Yn ôl geiriad ei gytundeb, oedd am gyfnod o ddwy flynedd, 'Mae statws Mr Cody yr un fath â swyddog ym Myddin Ei Mawrhydi, er nad oes ganddo awdurdod milwrol'. Felly gwelwn mai dod i'r Camp i hyfforddi milwyr ar sut i hedfan barcutiaid a wnaeth mab Buffalo Bill.

Alan Ladd

Americanwr arall fu'n ymweld â'r Camp ac yn ffilmio ar leoliad ar Fynydd Bach yn y 'Ranges' ym 1953 oedd Alan Ladd, yr actiwr o Hollywood. Yma i ffilmio *The Red Beret* oedd o gyda nifer o sêr eraill y cyfnod gan gynnwys Stanley Baker y Cymro o Ferndale, Sir Forgannwg. Ffilm ffuglen oedd hon am Americanwr yn smalio ei fod yn Ganadiad er mwyn ymuno â'r Gatrawd Parasiwt Brydeinig yn yr Ail Ryfel Byd. Yn ôl gwefan ParaData, sy'n gyfrifol am gofnodi hanes y Gatrawd, byddai'n well i unrhyw hanesydd milwrol sy'n ymchwilio i orchestion technegol dilys gan y Gatrawd yn yr Ail Ryfel Byd chwilio yn rhywle arall!

Barcud deuddyn S. F. Cody

1. Hen sinema'r camp; 2. Swyddfa'r Post yn y Camp; 3. Cantîn y Camp; 4. Pebyll Swyddogion ger Rhiwgoch

Maes y Magnelau 75

1. *Gwn mawr a thractor;* 2. *Ambiwlans uffyl – noder y groes goch ar y cynfas yn union tu ôl i'r gyrrwr;* 3. *North Camp gyda maes parcio gynnau mawr;* 4. *South Camp gyda maes parcio gynnau mawr*

Drosodd:
Polyn telegraff milwrol

Maes y Magnelau   77

Angen i Ymestyn Tir

Yn y rhan hon o'r hanes cawn gyfle i edrych yn ôl ar yr ymchwiliad a fu mewn perthynas ag angen y Fyddin i gael mwy o dir i ymarfer.

Roedd 8,403 o erwau'n perthyn i'r Fyddin eisoes, sef y rhan fwyaf o Gwm Dolgain gyda darn arall o dir i ymarfer grenadau rhwng afon Eden a'r A470 ychydig i'r de o Fronaber. Roeddent nawr eisiau 5,120 o erwau ychwanegol am resymau technegol, sef bod y magnelau diweddaraf yn medru cyrraedd yn bellach, ac o ran diogelwch mewn perthynas ag arwynebedd ehangach y 'shellburst' yn yr Ardal Perygl. Roeddent hefyd yn gweld angen am fwy o dir oherwydd y cynnydd yn niferoedd milwyr Gwasanaeth Cenedlaethol Sefydlog a Gwasanaeth Cenedlaethol Tiriogaethol.

'Ymenyn Nid Gynnau'

Bu cais y Swyddfa Ryfel yn destun ymchwiliad gan y Weinyddiaeth Gynllunio Gwlad a Thref, dan gadeiryddiaeth Syr Wyn Wheldon. Cynhaliwyd yr ymchwiliad yn Llys Ynadon Dolgellau, gan gychwyn ar y 18fed o Dachwedd, 1949.

Gwelwyd nifer fawr o fyfyrwyr o brifysgolion Cymru y tu allan i'r Llys yn protestio drwy orymdeithio o flaen yr adeilad a chario posteri'n dwyn y sloganau, 'Ymenyn Nid Gynnau' a 'Dim Modfedd o Dir Cymru'. Roedd cynulleidfa sylweddol yno i wrando ar yr achos gyda dau ar bymtheg o sefydliadau'n cymryd rhan.

Y bargyfreithiwr Jones-Roberts a'r clerc Hugh J. Owen oedd yn cynrychioli Cyngor Sir Feirionnydd, Cynghorau Gwledig Deudraeth a Phenllyn, a Chynghorau Plwyf Trawsfynydd, Llanuwchllyn a Llanycil. Ar ran NFU Meirionnydd a Phwyllgor Amddiffyn Tir Meirionnydd fe ymddangosodd V. Lloyd-Jones K.C. a D. Watkin Powell.

Ar yr ochr arall cynrychiolwyd y Swyddfa Ryfel gan yr Uwchfrigadydd G.N. Wood, y Brigadydd G.H.P. Whitfield, yr Is-gyrnol T.H.F. Foulkes, y Brigadydd W.R. Goodman a C.H.W. Murphy.

Dywedodd yr Uwchfrigadydd Wood mai ef oedd yn gyfrifol am y 53edd Adran

1. Protestio tu allan i'r Llys yn Nolgellau gyda'r Uwchfrigadydd Wood yn siarad efo'r protestwyr; 2. Map yn dangos y tir ychwanegol roedd y fyddin ei angen

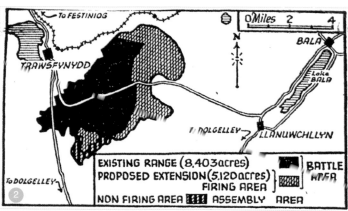

EXISTING RANGE (8,403 acres)
PROPOSED EXTENSION (5,120 acres) FIRING AREA
NON FIRING AREA ASSEMBLY AREA
BATTLE AREA

Gymreig ac mewn adegau o heddwch mai ei ddyletswydd ef oedd hyfforddi'r adran. Ychwanegodd ei fod wedi bod yn y ddau Ryfel Mawr ac mai un o'r pethau tristaf iddo ei weld oedd colli bywydau ifanc oherwydd diffyg ymarfer digonol.

Aberth Tir

Aeth ymlaen i ddweud fod Dorset, ei gartref sirol, yn rhannu'r un aberthau o ran tir a mwynderau â Meirionnydd ar gyfer hyfforddiant milwrol. Roedd yn gofyn am 13,420 o erwau Meirionnydd i alluogi'r fyddin i ymarfer mewn mannau a ddisgrifid fel ardaloedd hyfforddi ymarferol. Trawsfynydd fyddai lleoliad ardal Rheolaeth y Gorllewin. Byddai ardal o'r fath yn caniatáu i filwr ddefnyddio'i arfau gan danio ffrwydron byw o dan amgylchiadau tactegol meysydd brwydro modern. Byddai'r arfau yma yn amrywio o reifflau i ynnau mawr. Awgrymodd y byddai gwrthod caniatáu cyfle i filwr ymarfer fel hyn mor afresymol â gwrthod i forwr ddefnyddio'r môr neu i beilot ddefnyddio'r awyr.

Ychwanegodd nad oedd yr hyn a elwid yn rhyfel 'pwyso botwm' a'r bom atomig ddim wedi lleihau'r angen am filwyr medrus caled oedd yn hyderus gyda'u harfau ac yn barod i ymladd gyda'r gelyn.

Aeth ymlaen i egluro pam y dewiswyd Trawsfynydd, gan ddweud mai'r rheswm cyntaf ac amlycaf oedd bod ganddynt 8,020 o erwau yn eu perchnogaeth yn barod a'u bod wedi bod yn ymarfer magnelaeth, tanio mortars, gynnau peiriant ac arfau bychain yno ers 1908. Eglurodd ymhellach nad oedd y tir o unrhyw werth amaethyddol, nac yn ardal twristiaid o gymharu gyda'r ardaloedd mynyddig o'i gwmpas. Ar y llaw arall, roedd y tir drylliog garw yn addas iawn i ymarferiadau milwrol.

Nodwyd fod ymarfer magnelaeth yn y maes yn ddibynnol nid yn unig ar hyd ond hefyd ar led a bod cynllun cynharach wedi ei hepgor yn dilyn trafodaethau. Dywedodd yr Uwchfrigadydd Wood fod angen llecyn ymgynnull yn y de ger Pont Dolgain i'r milwyr baratoi ar gyfer eu cyrch i'r maes ymlad priodol. Ni fyddai unrhyw ffrwydron rhyfel yn cael eu defnyddio yn y man yma a byddai'n agored i'w ddefnyddio'n rhydd i bwrpasau amaethyddol – er y niwsans a allai godi wrth i ambell filwr adael adwy yn agored neu i ryw yrrwr facio i mewn i bostyn giât, a gallai gydymdeimlo â hyn oherwydd iddo fod yn amaethwr bychan ei hun.

'Does arnon ni ddim eisiau niweidio mwynder nac amaeth,' meddai. 'Ni fydd unrhyw ymyrraeth ag amaeth a chaiff porfa'r mynydd ei chadw. Ni fydd y diwydiant ymwelwyr yn dioddef gan mai dim ond ychydig o dwristiaid sydd i'w gweld yn croesi'r tir unig yma.'

Eglurwyd bod y Fyddin yn talu £452 y flwyddyn mewn trethi ym Meirionnydd a bod eu rhestr gyflogaeth wreiddiol yn y camp yn 111, gyda bil cyflog wythnosol o £554. Rhaid nodi nad yw'n glir a yw'r niferoedd a nodwyd yn cynnwys sifiliaid a gyflogwyd i gynnal a chadw'r Camp a'r ffyrdd ac ati, ond mae'n bwysig sylweddoli fod nifer sylweddol o bobl leol hefyd yn cael eu cyflogi yno.

Un o'r sifiliaid hynny oedd y diweddar Richard Jones, Ty'n Llain, neu Dic Ty'n Llain fel yr oedd pawb yn ei adnabod. Cofiaf Dic yn adrodd stori wrthyf amdano fel gyrrwr lori yn y Camp. Cawsai orchymyn i fynd i nôl llwyth o raean o Afon Gain ger 'Danger Farm' i wneud concrid. Roedd wedi gorfod gyrru'r wagen i'r afon i hwyluso llenwi'r trwmbal, ac unwaith roedd y bwcedaid olaf wedi'i arllwys i ffwrdd â fo. Aeth pob dim yn iawn nes i Dic fynd rownd cornel a gweld bataliwn cyfan yn ymdeithio ar hyd y ffordd tuag ato, a gwaeth na hynny, roedd 'na foto-beic a seidcar yn eu goddiweddyd, gyda swyddog yn y seidcar! Rhoddodd ei droed yn drwm ar y brêc, ond wnaeth y lori ddim arafu – am fod y brêcs wedi gwlychu ar ôl bod yn yr afon! Gyda'r milwyr i gyd yn rhedeg o'i ffordd doedd dim amdani ond mynd â hanner y lori i ben y dorlan ar ochr y ffordd, ac ar yr union bryd hwnnw diflannodd y beic modur o'i olwg. Trodd y lori ar ei hochr gyda Dic wedi cyrlio i fyny ar waelod y cab, ofn dod allan gan ei fod yn meddwl iddo ladd gyrrwr y moto-beic a'r swyddog. Y funud nesa dyma soldiwr yn agor y drws oedd bellach yn wynebu'r awyr gan weiddi arno, 'Get out, the bloody wagon's on fire!' Roedd yn hynod o falch pan ganfu fod y gyrrwr a'r swyddog yn ddianaf – wrth i'r lori droi drosodd roeddent wedi llwyddo i fynd o dani!

Diboblogi

Dadleuodd y bargyfreithiwr Jones-Roberts fod pob modfedd o'r tir yn cynhyrchu bwyd a bod profiad yn dangos lle bynnag yr oedd presenoldeb milwrol roedd yr ddiboblogi. Honnodd fod Trawsfynydd wedi colli ugain y cant o'i boblogaeth mewn ugain mlynedd. Amaeth oedd y prif ddiwydiant, meddai, gyda thwristiaeth yn ail agos, ac ychwanegodd y byddai ymwelwyr yn cadw draw o'r ardal os byddai maes tanio yno. Ychwanegodd fod yr ardal yng nghanol Parc Cenedlaethol arfaethedig Gogledd Cymru ac na allai cynnig mwy gwrthun fodoli, felly, na'r hyn a gyflwynwyd gan y Swyddfa Ryfel. Cefnogwyd hyn gan D.R. Grenfell A.S., cadeirydd Bwrdd Twristiaeth a Gwyliau Cymru.

Tystiolaethodd nifer helaeth o ffermwyr hefyd yn erbyn y cais gan fynnu'n daer y byddai ymyrraeth gan y Swyddfa Ryfel yn ei gwneud hi'n anos os nad yn amhosib cynnal bywoliaeth. Honnwyd hefyd nad oedd y Swyddfa Ryfel yn talu iawndal teg am ddefaid chwaith, gan eu bod yn dal i dalu allan ar gyfradd a gafodd ei gosod ym 1908. Mewn ymateb i hyn, dywedodd y Capten G. Wilkinson fod hyn yn gywir cyn belled ag yr oedd eu tenantiaid yn y cwestiwn ond yn anghywir lle roedd hawl pori tir comin gan eraill – yn eu hachos hwy roeddent yn derbyn gwerth haeddiannol am eu defaid.

Un arall a roddodd dystiolaeth oedd D.M. Ellis, darlithydd o Goleg Normal Bangor. Dywedodd fod rhinwedd arbennig anesboniadwy yn perthyn i'r ardal ac mai un agwedd benodol o hynny oedd ei Chymreictod. Pe byddai'r dylanwad Seisnig yn ymledu byddai hynny ar draul popeth sy'n annwyl i'r Cymry. Dywedodd, 'Rydym wedi rhoi hyd nes ein bod yn gwaedu,' cyn ychwanegu, 'Daw amser pan na all haelioni barhau. Mae rhoi mwy yn ei hanfod yn niweidiol i ni.'

Daeth yr ymchwiliad i ben ond bu raid disgwyl yn hir am unrhyw wybodaeth am benderfyniad yn deillio ohono, fel yr adroddodd y Cambrian News ar y 14eg o Orffennaf 1950:

Mae canlyniad Ymchwiliad Tir Trawsfynydd – fel newyddion am ddosbarthu elw Eisteddfod Genedlaethol Dolgellau – yn hir ddisgwyliedig. Bu i ymchwiliad Syr Wyn Wheldon fis Tachwedd diwethaf greu dipyn o gynnwrf tra parodd. Ers

1. Criw Sifiliaid y Camp o'r 1950au;
2 Gweithwyr y Camp tua 1986,
flynyddoedd maith ar ôl i'r fyddin adael

hynny ni chlywyd yr un gair. Yn y cyfamser mae hyfforddiant milwrol yn mynd rhagddo yn Nhrawsfynydd, Llanbedr a Thywyn ac mae newyddion Korea wedi cynyddu'r pwysigrwydd.

Mae'r adroddiad yn gorffen gyda: 'Pryd mae'r ffrae yn mynd i gychwyn? Rydan ni angen un.' Cawn weld isod i'r 'ffrae' gychwyn wrth i Blaid Cymru gymryd rhan flaenllaw yn y mater.

Ffieiddbeth Halog yn Puteinio'r Fro

Gwelsom uchod ymdrechion yr Adran Ryfel i ymestyn y tir i bwrpas ymarfer tanio am resymau technegol, sef fod y magnelau diweddaraf yn medru cyrraedd yn bellach, ac am resymau diogelwch mewn perthynas ag ardal ehangach y 'shellburst' yn yr Ardal Perygl. Nodwyd hefyd fod hyn wedi arwain at ymchwiliad cyhoeddus yn Nolgellau a bod teimladau cryf gan drigolion yr ardal yn erbyn y cynllun. Cawn werthfawrogi ychydig mwy ar deimladau'r bobl ar y pryd yn y rhan hon; teimladau a arweiniodd at gyfres o brotestiadau a drefnwyd gan Blaid Cymru yn erbyn yr estyniad arfaethedig.

Nodwyd eisoes nad oedd rhyw gydymdeimlad mawr wedi bodoli rhwng y gymuned a'r fyddin, a gwelir hyn yn amlwg mewn ysgrif fer gan Dyfnallt sy'n cario'r teitl 'Gynnau mawr yn Nhrawsfynydd':

Yn nyddiau olaf Gorffennaf, 1914, yr oeddwn ar wib ym mro Hedd Wyn. Wedi oedfa fin nos, difyr ymgom a noson o hedd ym Mlaen-lliw, dolur i'm calon fore trannoeth oedd clywed taranau'r gynnau mawr o oror Trawsfynydd, a mwy fyth fy arswyd pan welwn y pelenni'n disgyn yng nghymdogaeth y 'Feidiogydd; a phan ganfûm adfeilion yr hen furiau cysegredig, llosgai pob ias o ddicter yn fy ngwaed. Trannoeth, taniwyd yr ergydion cyntaf o wn mawr yn ymyl Hen Gapel Pen-y-stryd; a chan gymaint taranau'r ergydion, chwalwyd y ffenestri, ac ysigwyd y muriau ... Y noson honno yn y Traws, pan adroddwn helynt y tanio ynfyd, yr oedd golau gwyllt yn llygad Hedd Wyn; ac nid oedd neb yn fwy huawdl yn erbyn y ffieiddbeth halog oedd yn puteinio'r fro nag efe. Ymhen y tair blynedd i'r

Sifiliad arall a gyflogwyd gan y fyddin oedd Robin Roberts; gwelir ef yma ym mhwerdy'r Camp

diwrnod syrthiodd yntau'n aberth i'r un ysbryd anrheithiol.

Taith i Amwythig

Yng nghyfarfod y Cyngor Plwyf a gynhaliwyd ar y 15fed o Ionawr, 1948, darllenodd y clerc Rybudd yn galw'r 'Cwrdd Plwy' i ystyried cais y Swyddfa Ryfel am ragor o dir i ymarfer yn Nhrawsfynydd, ar yr ochr ddeheuol a dwyreiniol i'r gwersyll presennol. Yn ôl y cofnod, gofynnwyd am 10,000 o aceri yn ychwanegol at yr 8,000 oedd ganddynt yn barod. Eglurodd J. Ellis Hughes (Cadeirydd y Cyngor Plwyf) gymaint ag a wyddai am y sefyllfa, gydag E.M. Jones, y Clerc, yn ymhelaethu ychydig mwy gan ychwanegu iddo ohebu llawer â'r Swyddfa Ryfel a'r Adran Gynllunio Gwlad a Thref ac iddo ddeall nad oedd sicrwydd am y lle ar hyn o bryd.

Dilynwyd hyn gan drafodaeth frwd, gyda'r ffermwyr yn ddigon naturiol yn ofni am eu cartrefi ar yr un llaw, a'r rhai oedd

1. Y Parch. Robert Davies (yn y cefn) a'i deulu; 2. Y Cynghorydd Daniel Jones

yn gweithio yn y gwersyll ar y llaw arall yn poeni am eu dyfodol, gan ddatgan pryder y byddai'r camp yn cau i lawr. O ganlyniad i'r dadleuon o blaid ac yn erbyn, penderfynwyd gohirio unrhyw benderfyniad tan ar ôl 'Cynhadledd Shrewsbury' ar yr 22ain o Ionawr 1948. Felly pasiwyd fod tri aelod i fynd i Amwythig, os caent ganiatâd i fod yn bresennol, er mwyn gwrando a cheisio deall y mater a dychwelyd gydag adroddiad i'r Cwrdd Plwy'. Enwyd y Cadeirydd, Mr E.V. Pugh, Mr Daniel Jones a'r Parch. Robert Davies fel dirprwyaeth, sef pedwar yn hytrach na thri. Wedi pleidlais awgrymodd y clerc y byddai'n briodol anfon y pedwar a enwyd, gan fod nifer y pleidleisiau mor agos rhyngddynt.

Erbyn Cwrdd Plwy'r 19eg o Chwefror, 1948, roedd y ddirprwyaeth wedi dychwelyd gydag adroddiad llawn o'r gynhadledd, a gynhaliwyd dan lywyddiaeth Emanuel 'Manny' Shinwell, sef yr Ysgrifennydd Gwladol dros Ryfel ar y pryd. Y Parch. Robert Davies oedd y cyntaf i adrodd, gan ddweud ei fod wedi bod yn 'Shrewsbury a'i bod yn ddiwrnod braf, a bod yno o 40 i 50 mewn nifer a'i fod wedi syrthio mewn cariad â Shinwell, a'i fod yn dweud fod rhaid cael byddin a honno wedi ei threinio, neu ni fyddai o unrhyw werth, ac nid oedd yn eu gweld yn gofyn am ddim tir da, ac y credai y caent bob chwarae teg gan Mr Shinwell.'

Y nesaf i adrodd oedd Mr E.V. Pugh. Teimlai yntau'r un fath â Mr Davies a chredai hefyd y caent bob chwarae teg gan Mr Shinwell.

Fodd bynnag nid oedd y nesaf i adrodd, sef Mr Daniel Jones, o'r un farn. Nid oedd y gynhadledd am gydnabod 'fod gan Gymru unrhyw nodweddion na diwylliant, nac Iaith arbennig, a'i fod yn rhoi llawer mwy o dir ymarfer o Gymru nag o Loegr ac Ysgotland.' Ychwanegodd y Cadeirydd ffeithiau am arwynebedd tir ymarfer trwy egluro fod 1% o Loegr, tua 2% o Gymru a llai nag 1% o'r Alban yn cael ei ddefnyddio.

Mae cofnodion y Cwrdd Plwyf yn datgan anniddigrwydd Mr David Tudor ynglŷn â'r ffaith nad oedd unrhyw un o'r ddirprwyaeth wedi cael siarad yn y gynhadledd, a gofynnodd i'r clerc ddarllen ei lythyr oedd yn rhoi caniatâd iddynt fynd yno fel gwrandawyr yn unig. Yr unig berson a gafodd ddweud gair oedd Mr Emrys Roberts A.S.

Aeth y clerc ymlaen i egluro maint y

'Range' newydd, sef 'o'r Ganllwyd i fyny trwy Hafod Fraith a Thyddyn Mawr, Llanfachreth, ac yn agos i Ysgol Rhyd y Gorlan, ac yn ôl i Brynllin a Thwrmaen a Blaenlliw heibio Moel Llyfnant am Trinant a Llyn Trywyryn a Stesion Cwm Prysor ac i lawr at Darngae.' Ond roedd Mr Shinwell wedi dweud ei fod yn barod i 'roi ystyriaeth ac yn barod i gonsyltio gyda'r

awdurdodau lleol, ac os byddai mater arbennig y byddai yn rhaid cynnal enquiry.'

Mae'r cofnod yn gorffen trwy nodi 'Pasiwyd diolchgarwch ar gais Mr Jacob Davies, i'r brodyr am fynd i Shrewsbury ac eto i Mr Tudor a Mr Pugh am roi eu modur yn rhad iddynt a thrwy hynny at wasanaeth y Plwy.'

Does dim sôn a oedd y Cyngor Plwy' o blaid neu yn erbyn y datblygiad. Ond mae'n hynod o ddiddorol nodi pwyntiau Mr Daniel Jones a cheisio dyfalu ohonynt beth oedd cymhelliad ac agwedd y gynhadledd tuag at Gymru.

Clawr a chefn pamffled Plaid Cymru oedd yn erbyn ymestyn y maes tanio

Pwyllgor Amddiffyn

'Rhaid i Gymru Fyw' – dyna oedd neges Pwyllgor Meirion, Plaid Cymru, yn nhaflen ymgyrch y Blaid yn erbyn ymestyn y maes tanio. Mae clawr y daflen yn dangos llun magnelau yn tanio yn y nos gydag wyneb Clement Attlee fel wyneb y lleuad a cherflun Hedd Wyn fel ysbryd siomedig yn edrych ar yr olygfa. O dan y llun ceir addasiad o 'Atgo' gan Hedd Wyn:

Dim o'n lleuad borffor
Ar fin y mynydd llwm.
Ond trwst magnelau Attlee'n
Taranu yn y cwm.

Dyma weddill neges y pwyllgor:

Bu Pwyllgor Sir Meirion o'r cychwyn yn sefyll yn gadarn yn erbyn bwriadau'r Swyddfa Ryfel i gymryd meddiant o dir Meirion i bwrpas ymarfer milwrol.

Llawenychwn fod Pwyllgor Amddiffyn wedi ei sefydlu, yn cynrychioli pob agwedd ar fywyd yn y sir. Cyfrifwn hi'n fraint i gyd-weithio â'r pwyllgor hwn i ddiogelu'r pethau uchaf mewn cymdeithas. Yr ydym yn bendant o'r farn y byddai cipio'r ardaloedd Cymreig hyn, gyda'u diwylliant cynhenid, yn gymdeithasol a chrefyddol – yn golygu tranc, nid yn unig i ddiwylliant bro ac amaethyddiaeth, ond hefyd i enaid cenedl.

Credwn mai cyfraniad arbennig Cymru i'r byd yw hyrwyddo heddwch ym mysg cenhedloedd, ac y mae helaethu gwersylloedd milwrol yn ei thir yn rhwystr i'r ddelfryd hon.

Tynghedwn ein hunain i ymdrechu hyd yr eithaf i gadw'r bröydd hyn yn dreftadaeth i'n plant.

Anogaeth Gwynfor Evans

Rhoddodd Gwynfor Evans, Llywydd y Blaid, ei gefnogaeth i'r ymgyrch trwy geisio ysbrydoli'r ffermwyr yn ei anogaeth:

Ffermwyr Meirion! Unwaith eto y try llygaid Cymru atoch chwi, aerion a gwarchodwyr ei diwylliant cyfoethog a'i thraddodiad oesol. Troir atoch gyda chydymdeimlad am fod Llywodraeth estronol yn ceisio dwyn oddi arnoch gartref a maes a mynydd i borthi trachwant militarwyr. Ond troir hefyd gyda hyder am fod gwŷr Meirion erioed wedi dangos cas at ormes a chariad at wlad eu tadau. Gwyddwn y sefwch yn gadarn ac yn unol fel yr ydych wedi arfer sefyll, gan herio Swyddfa'r rhyfelwyr i wneud eu gwaethaf. Wrth sefyll dros gartref a bro byddwch yn sefyll dros wlad a chenedl, a chlywir dylanwad eich esiampl mewn teyrngarwch newydd i Gymru.

Cafodd y Swyddfa Ryfel ei ffordd yn Epynt. Yno troes bedwar cant o Gymry allan o'u ffermydd, a heddiw carneddi sydd lle bu'r cartrefi, ac alltudiwyd y

Gymraeg o fro hardd ac eang gan ru y fagnel. Ond os collwyd Epynt, mynnwn na chant Epynteiddio un ardal mwyach o'i mewn.

*Yr Eiddoch dros
Gymru,
Gwynfor Evans*

'Peidiwch ag ildio'

Ysgrifennodd D.J. Williams, Abergwaun, at ffermwyr Meirion hefyd ar yr 20fed o Fai, 1948:

*Protestwyr yn cynnwys Gwynfor Evans
yn 1951*

Peidiwch ag ildio – yr ydym wedi ennill yn y Preselau....

Flwyddyn a hanner yn ôl bygythiodd y Swyddfa Ryfel feddiannu 16,000 erw o dir y Preselau at ddibenion milwrol. Cyffrôdd yr ormes hon ddicter cyfiawn yr holl drigolion. Cynhaliwyd cyrddau protest ar unwaith, a ffurfio Pwyllgor a Chronfa Amddiffyn. Ymhen dim o dro yr oedd y Gronfa hon yn fil o bunnoedd. Ond er cystal hyn oll, nid dyna a achubodd y Preselau – eithr datganiad croyw, digamsyniol gan nifer o'r preswylwyr, yn cynnwys tri neu bedwar o weinidogion yr efengyl, na symudent o'u cartrefi pe dôi hi'n waetha-waetha, hyd oni lusgid hwy allan ohonynt gan weision y Llywodraeth. Pobl Cymru piau Cymru, medd gwŷr y Preselau; ac nid oes gennym hawl i ildio cwys ohoni i'r un Gallu estron.

Swyddfa Ryfel – Gormod o Dir Meirion

'Yr wyf am sefyll yn ddi-gryn' – dyna eiriau John Jones, Brynllin, Abergeirw, gan fynd ymlaen i ddweud:

Yr wyf wedi treulio yn agos i drigain mlynedd o'm hoes yn yr ardal fynyddig hon, a'm teulu yma o fy mlaen. Yma y mae fy ngwreiddiau. Dysgais addoli Duw yn hen Gapel bach Abergeirw. Gwyliais y cynnydd mewn diwylliant cefn gwlad yn yr ardal, a gwnes a allwn i'w hyrwyddo. Gwinllan wedi ei thrin yn ofalus; a gaiff y moch ruthro arni? Gwelais ddifetha Cwm Dolgain, a chwalu ei drigolion – tai ffermydd da yn gerrig ffordd, y meysydd yn dyllau siels – y mae gan y Swyddfa Ryfel ORMOD o dir Meirion eisoes. Yr wyf yn benderfynol na chaiff militarwyr a fandaliaid ddinistrio cwm arall o'r hen sir yma – yr wyf yn sefyll yn ddi-gryn.

Ein Dyletswydd i'n Plant

Dyma farn Gwladus Roberts, Prifathrawes Ysgol Rhydygorlan, Abergeirw:

Ie, ein dyletswydd i blant Ysgol Rhydygorlan – plant a fegir mewn cartrefi sydd yn cadw'n fyw y pethau gorau yn y diwylliant Cymreig, ac a addysgir mewn ysgol sydd yn sylfaenu

Gwynfor Evans yn annerch y gwrthwynebwyr

ei chynllun addysg ar y diwylliant hwnnw.

Lle difyr sydd yma i gadw ysgol. Y mae'r plant yn ymateb i ymdrech athro, y mae rhieni'r cylch y tu cefn i bob ymdrech, ac yn cydweithio â'r athro mewn gwerthfawrogi'r pethau sydd o wir werth. Amheuthun yw cael bod mewn ysgol nad yw ei dylanwad yn gorfod cystadlu â dylanwad y sinema, a lle na chyfrifir dynwared sŵn gynnau yn brif atyniad y chwarae. Gŵyr y plant yma yn dda beth yw sŵn gynnau mawr, ac onid oes rhywbeth gwrthun iawn mewn gorfod dysgu egwyddorion heddwch i blant bach yng nghanol sŵn paratoi at ryfel?

Y mae pobl Abergeirw eisoes wedi datgan yn glir a chroyw eu hagwedd at ryfel, ac ni fynnwn ni gydnabod fod gan unrhyw lywodraeth yr hawl i gamddefnyddio UN FODFEDD o dir Cymru i ddysgu i ddynion ladd ei gilydd.

Dyna gefndir teimladau'r gymuned, cymuned glòs a diwylliedig oedd bellach yn barod i sefyll yn erbyn grym yr Ymerodraeth Brydeinig, a chefndir ymgyrch Plaid Cymru yn erbyn ymestyn y maes tanio. Cawn olwg nawr ar y protestio a fu yn sgil yr ymgyrch.

Dull Gandhi o Brotestio

Ar fore Iau y 6ed o Fedi 1951, am hanner awr wedi naw, ymrannodd criw o saith deg pump o brotestwyr yn ddwy fintai er mwyn eistedd ar y ffordd bob pen i'r Camp milwrol. Eisteddodd un criw wrth ymyl Bronaber ar y fynedfa orllewinol tra sefydlodd y criw arall eu hunain nid nepell o Riwgoch ar y fynedfa ddwyreiniol.

Cyn iddynt osod eu hunain i eistedd, roedd Gwynfor Evans wedi cael gair gyda'r ddwy fintai'n gynharach ar sut i ymddwyn. Apeliodd arnynt i fod yn weddaidd, yn foneddigaidd, yn ddwys a thawel yn wyneb unrhyw ymgais i'w symud. A dyma'r drefn a ddilynwyd ganddynt trwy gydol y brotest, sef ffordd ddi-drais Gandhi o wrthwynebu. Diddorol yw nodi mai dyma oedd y tro cyntaf i'r dull yma o brotestio gael ei ddefnyddio yng Nghymru. Er mai ymgyrch y Blaid oedd hon, diddorol hefyd yw nodi fod Gwynfor wedi dweud yn ei anerchiad nad gweithred plaid ydoedd

Protestwyr ger Pont Abergeirw

Enghraifft o orchymyn milwrol

nodwyd eisoes, codwyd llais yn erbyn y cynllun i ymestyn y maes tanio yn yr ymchwiliad cyhoeddus yn Nolgellau ym 1950, a hefyd cyn hynny mewn cynhadledd o Aelodau Seneddol (ac eraill) yn Llandrindod ym 1947, lle bu gwrthwynebiad unfrydol yn erbyn y syniad. Felly doedd dim amdani ond dangos eu gwrthwynebiad mewn ffordd weithredol. Rhannwyd datganiad allan i'r milwyr a gwylwyr eraill yn esbonio hanes y frwydr yn erbyn meddiannu mwy o dir Trawsfynydd, gan egluro bod pob ffordd ddemocrataidd arall wedi methu. Aeth y datganiad ymlaen i ddweud: 'Rhaid i ni gan hynny wrthwynebu mewn gweithred ac mewn gair, megis y gwnaeth ein hynafiaid o'n blaen... nid oes ynom deimlad angharedig at drigolion y gwersyll, yn swyddogion a milwyr a gweithwyr, ond yn unig at y Llywodraeth estron a gyflwynodd y trais.'

Gorchymyn i Lori Yrru Trwyddynt

Aeth pethau'n gyffrous gwpl o weithiau yn ystod y dydd gyda cherbydau'n ceisio gyrru trwy'r gwrthwynebwyr. Gwelwyd un o weithwyr y gwersyll yn gyrru ei fodur at y fintai oedd ar gyrion Bronaber, gan

hon, ond bod pob un yn gyfrifol drosto'i hun ac yn gweithredu fel unigolyn.

Teimlad y gwrthwynebwyr oedd bod pob dull a modd o ddatgan anfodlonrwydd y gymuned leol ac ehangach wedi cael ei anwybyddu gan y Swyddfa Ryfel. Fel y wthio'r Dr Pennar Davies a Mr Glyn Jones ac eraill nifer o lathenni cyn troi yn ôl. Wedyn, dan orchymyn gan swyddog ifanc i yrru drwy'r criw, daeth un o loriau'r fyddin yno. Gwthiodd y lori nifer o'i blaen, gan gynnwys Gwynfor Evans a Mr Dan Thomas, cyn rhoi'r gorau iddi hefyd.

Gorch hyn, fe wnaeth y fintai ganiatáu i rai cerbydau basio drwodd, megis lori laeth Hufenfa Meirion, lori anifeiliaid, meddyg a cherbydau cludo bwyd a dillad.

Daeth yr heddlu yno tua chanol dydd, sef pum heddwas, Arolygydd Ffestiniog a'r Prif Gwnstabl Williams. Gwrthod symud ddaru'r protestwyr pan ofynnwyd iddynt, ac o ganlyniad cymerwyd eu henwau i gyd.

Casgliad magnelau Rhys Williams y Gors

Er hynny, dangosodd yr heddlu ewyllys da a chwrteisi tuag at y gwrthdystwyr ac ar ôl iddynt gael gair efo'r prif swyddog milwrol, penderfynwyd caniatáu i'r ddwy fintai aros yn eu lle tan ddiwedd y pnawn. O ganlyniad i'r cwrteisi a ddangoswyd gan yr heddlu, fel arwydd o werthfawrogiad, rhoddodd y protestwyr y gorau i'r brotest awr ynghynt nag a drefnwyd, gan godi a cherdded o'r gwersyll mewn dull trefnus am bedwar o'r gloch.

Llythyr i'r Prif Swyddog Milwrol

Cyflwynodd y protestwyr lythyr hefyd i'r Prif Swyddog Milwrol ar y diwrnod. Dyma'i gynnwys:

> Symbylir ein gweithred heddiw – y weithred o ymffurfio'n rhwystr i atal symud cerbydau i mewn ac allan o wersyll Trawsfynydd – gan argyhoeddiad cryf bod y Swyddfa Ryfel, wrth feddiannu pum mil yn ychwaneg o aceri at y gwersyll hwn, yn treisio treftadaeth y genedl Gymreig. Anwybyddodd argyhoeddiad unedig pobl y sir hon a Chymru gyfan, wedi iddo gael ei amlygu ymhob dull posibl, mewn Ymchwiliad Cyhoeddus ac arall.

Dangosodd mai gwag yw holl honiadau'r Llywodraeth ei bod yn gweithredu'n ddemocrataidd yn ei hymwneud â Chymru. Y dewis i ni, gan hynny, yw derbyn yn llwfr yr anghyfiawnder pellach hwn â Chymru neu wrthwynebu mewn dull mwy gweithredol. Dewiswn yr ail lwybr oherwydd mai hwnnw'n unig sy'n cydweddu â hunan-barch ac â phenderfyniad i gadw Cymru'n fyw ar waethaf ymosodiadau Llywodraeth ddigydymdeimlad.

Byddai effaith meddiannu'r tir ychwanegol hwn yng nghanol un o ardaloedd mwyaf diwylliedig a Chymreig ein gwlad yn andwyol. Y rhan hon o Feirion yw un o ffynonellau cryfaf y bywyd Cymreig. Gweithred bechadurus yw meddiannu'r tiroedd hyn a malurio'r gymdeithas a fu'n trigo arnynt ers canrifoedd; ac y mae rheidrwydd arnom i wrthwynebu hynny. Gweithrediad difrod yw cymryd y tiroedd, a chwerw o beth yw mai yn

1. Hen garej milwrol a stordy erbyn hyn;
2. Hen adeilad cawodydd y milwyr;
3. Stordy cig y milwyr

enw amddiffyn y cyfreithlonir hi. Pa amddiffyn sy'n peri i'r Llywodraeth ddistrywio Cymru? Nid ewyllysiodd Cymru'r distryw hwn.

Dymunwn bwysleisio nad oes yn ein gweithredu heddiw unrhyw deimlad angharedig atoch chwi na'r rhai sydd danoch. Sylweddolwn nad ydych ond gweision i Awdurdod uwch, a gwrthwynebu a newid polisi'r Awdurdod hwnnw sydd raid i Gymru. Clywodd y Llywodraeth apêl cenedl y Cymry am gael byw ei bywyd arbennig ei hun, a diystyrodd yr apêl yma ym Meirionnydd ac mewn amryw o siroedd eraill Cymru. Dyna'r trais ar ein treftadaeth a wrthwynebwn yn ddi-drais.

Yr Ail Brotest

Roedd bore Sadwrn y 29ain o Fedi yn fore hyfryd iawn gyda'r haul yn trochi eangderau mynyddig y fro a gwelwyd blanced o darth yn gorchuddio'r llyn; golygfa oedd yn cadarnhau penderfyniad y gwrthwynebwyr mai protest gyfiawn oedd hon i arbed bro mor brydferth rhag erchyllterau defnydd milwrol.

Cychwynnodd y fintai o Abergeirw yn gynnar yn y bore a'u baneri'n disgleirio yn yr haul euraidd a geir yn dilyn y wawr. Estynnodd rhywun raw a thorri twll yn y tir corslyd ger llaw er mwyn gosod baner y Ddraig Goch ar bolyn yno. Yn y fan honno, ymgasglodd y dyrfa o gwmpas Gwynfor Evans i wrando ar ei anerchiad:

Safwn yma heddiw fel cynrychiolwyr cenedl. Y mae'r genedl honno yn cael ei dinistrio am nad oes ganddi lywodraeth a geisia warchod a datblygu ei bywyd. Llywodraeth Seisnig sydd arni a gwelir maint pryder honno am Gymru yn ei hagwedd at ei thir a'r gymdeithas sy'n byw arno. Trwy amryw gyfryngau, megis y Swyddfa Ryfel a'r Comisiwn Coedwigo, gwelir dwyn tir Cymru oddi tan ei thraed, ac mewn ardal ar ôl ardal gwelir dinistrio ei chymdeithas Gymraeg.

Yr enghraifft glasurol yw Epynt lle y taflwyd pedwar cant o Gymry Cymraeg allan o'u cartrefi. Er bod effaith y rhaib hwn a'r gwersylloedd enfawr a blennir yng nghanol cymdeithas a ysigwyd eisoes, gymaint gwaeth yng Nghymru nag yn Lloegr, eto cymerir mwy o dir ar gyfartaledd yn ein gwlad ni nag yn Lloegr. Ac fe'i cymerir yn erbyn ewyllys y Cymry: tystied y ffars o ymchwiliad cyhoeddus yn Nolgellau i hynny.

Dywedwn na fedrwn blygu i'r amlygiad hwn o drais anwerinol ar farn a bywyd Cymru. Deuwn yma i hawlio mai tir ein gwlad ni yw'r tir hwn ac na fedd swyddfeydd y Llywodraeth Seisnig unrhyw hawl foesol arno. Deuwn i ddangos cryfed yw ewyllys y Cymry na chaiff y Llywodraeth Seisnig ddifetha ein bröydd mor rhwydd ag y tyb. Ni ddeuwn i anafu nac i ladd neb yn y byd; yn wahanol i'r Swyddfa Ryfel a wrthwynebwn, nid dulliau felly a ddefnyddiwn.

Ond deuwn gan wybod ein bod yn torri cyfraith y gwledydd hyn wrth ddod. Wrth sefyll ar y tir hwn, ac wrth gerdded drosto, deuwn yn droseddwyr yn erbyn y gyfraith honno. Gwyddom hynny, ac yr ydym yn barod i dderbyn y canlyniadau. Torrwyd y gyfraith gennym o'r blaen fis yn ôl. Ni chawsom ein herlid hyd yn hyn. Gellir cymryd hynny fel arwydd calonogol fod yr awdurdodau yn ystyried cenedlaetholdeb Cymru yn rym, ac na fynnant wneud dim i'w gryfhau.

Plannwn yma faner Cymru. Gadawn ni hi yma ar ein hôl yn arwydd eglur mai daear Cymru yw hon. Ni chaiff Llywodraeth Seisnig weld y Faner Goch yn cyhwfan yma. Mae i'r Faner Goch fwy o arwyddocâd. Ond mae'r elfen o beryglon cyffredin rhyngddynt. Y mae'r ffaith fod y Faner Goch yn chwifio uwchben tiroedd fel hyn yn arwydd o berygl marwol i'r genedl Gymraeg.

Gyda'r geiriau ysbrydoledig yna'n atseinio ym meddyliau'r dorf, dyma Llwyd o'r Bryn yn eu harwain i ganu 'Hen Wlad fy Nhadau' cyn i bawb ddychwelyd at eu ceir.

Ymlaen i'r Camp

Dyma nhw'n cychwyn wedyn yn un rhes hir o geir ar eu ffordd o Abergeirw trwy'r maes tanio, ond rhwystrwyd hwy gan fodur yr Is-gyrnol Jones Williams, Prif Gwnstabl Gwynedd. Aeth dirprwyaeth fechan, oedd yn cynnwys Gwynfor Evans a J.E. Jones, i gael gair gydag ef. Fel o'r blaen, roedd y Prif Gwnstabl yn gwrtais ac yn fonheddig wrthynt. Sgwrsiwyd am nifer o bethau gan gynnwys y tywydd cyn dod at wraidd y mater. Rhoddwyd geiriau o gysur iddo gan ei sicrhau nad oedd ganddynt

Y diweddar Evan Tudor yn y tu blaen yn edrych i'r camera

unrhyw fwriad i ddifrodi na niweidio neb yn y gwersyll. Roedd yn fodlon ar hyn ac arweiniodd y rheng yn eu blaen hyd at gapel bach Penstryd, lle gadawsant eu ceir er mwyn gorymdeithio i'r gwersyll.

Ychydig ar ôl iddynt gyrraedd mynedfa'r gwersyll ac eistedd i lawr, daeth fan fach atynt o'r gwersyll. Stopiodd cyn eu cyrraedd, ac eglurodd wrthynt fod ganddo angen mynd i'r banc cyn hanner dydd er mwyn newid ei gyflog. Cytunodd Gwynfor Evans i adael iddo fynd drwodd – ond fe ddaeth fan fwy ar hyd y ffordd atynt ar yr un pryd. Dyma dipyn o benbleth i'r protestwyr, hynny yw, oedd modd gadael y fan fach drwodd heb i'r un fwy gymryd mantais o'r bwlch a dianc trwodd ar ei hôl? Penderfynwyd cilio i un ochr yn unig a gadael dim ond digon o led i'r fan fach basio, wedyn cau'r rheng yn ôl yn sydyn i rwystro'r llall, ac felly fu.

'Gaf i basio, bòs?' meddai'r gyrrwr wrth Gwynfor Evans, ac ar yr un pryd roedd ei gydymaith wedi estyn bagiad o fisgedi o'i boced a'u cynnig i'r protestwyr. Ni fu dim ymateb gan y criw, felly ar ôl ychydig funudau dyma'r gyrrwr yn trio'i lwc unwaith eto gan ddweud, 'A gaf fi fynd trwodd os gwelwch yn dda, mae arna i eisiau cyfarfod y wraig am hanner dydd.'

Ond oedd dim symud arnynt, a gofynnodd yn chwareus, 'Ydyn nhw'n deall Saesneg?'

Yn fuan wedyn daeth lori fasnachol o rywle; gadawyd iddi fynd drwodd drwy agor hanner y ffordd yn unig fel o'r blaen, ac ymlaen â hi – cyn i'r fan filwrol hyd yn oed danio'i injan i geisio manteisio ar y cyfle!

Ymunodd fan arall o'r fyddin gyda'r llall ond ni wnaeth unrhyw wahaniaeth i'r criw o wrthwynebwyr, oedd yn cynnwys Gwynfor Evans, D.J. Williams, Abergwaun, Dan Thomas a Llwyd o'r Bryn yn y rhes flaen, a'r rheini'n syllu'n hamddenol ar y milwyr.

Cyn iddynt godi am hanner awr wedi un daeth yr heddweision atynt a chymryd eu henwau a'u cyfeiriadau. Ymysg yr enwau a gasglwyd roedd pedwar ymgeisydd seneddol Plaid Cymru: Dan Thomas (Wrecsam), Wynne Samuel (Aberdâr), Kitchener Davies (Gorllewin Rhondda) a'r Parch. Eurwyn Morgan (Llanelli).

'Dim ond mynd i nôl torth o'n i!'

Wrth ymchwilio i hanes y protestio mi ddois ar draws llun o'r brotest yn ymyl Bronaber. Yn y llun mae bachgen ifanc yn edrych i lygaid y camera, sef y diweddar

Evan Tudor o fferm yr Aber nid nepell o Fronaber. Holais Evan ynglŷn â beth oedd ei gyfraniad yn y digwyddiad a'r ateb gefais oedd: 'Roedd Mam wedi gofyn i mi fynd ar neges i'r siop yn y Camp. Fel ro'n i'n cerdded i fyny'r ffordd o'r Aber, daeth fflyd o geir i'm cyfarfod a'r rheiny'n llawn o brotestwyr. Dyma nhw'n fy annog i ymuno â nhw ac felly fu – fel arall dim ond mynd i nôl torth o'n i!'

Holais fy nhad hefyd am beth roedd o'n ei gofio; roedd yntau yno ar y pryd yn gwneud ei Wasanaeth Cenedlaethol. Roedd yn cofio'r brotest gyntaf yn iawn. 'They were a bloody nuisance, we wanted to go to the dance in Portmadoc but they wouldn't let us through!' meddai efo gwen ddireidus ar ei wyneb.

Barn yr Aelod Seneddol

Dyma ddyfynnu trafodaeth yn y Senedd o Hansard:

> Mr George Thomas (Cardiff West): Am I mistaken in believing that my Hon. Friend was one of those people who laid down on a path to stop soldiers coming to Trawsfynydd?
>
> Mr TW Jones: I am sure that my Hon. Friend does not wish to associate me with the acrobatic antics of the Welsh Nationalist Party. These people were not natives of Trawsfynydd. This afternoon I am speaking on behalf of the people of Trawsfynydd.

Rhyd Dôl Mynach Isa

Drosodd:
Y 'Ranges' dan eira

Clirio'r Maes Tanio

Aeth y Camp yn llai pwysig fel adnodd i'r fyddin wrth i'r pumdegau fynd yn eu blaen, ac fe gaewyd y gwersyll fel sefydliad milwrol am y tro olaf ym 1957-8 (ond cafodd ei ailagor bron ar unwaith i letya dros 800 o adeiladwyr o ardaloedd eraill a oedd yn codi atomfa Trawsfynydd).

Dyma ddyfynnu erthygl o bapur *Y Dydd*, Ionawr, 1958:

Bydd y gwaith o glirio bomiau a bwledi o Faes Tanio Trawsfynydd yn dechrau ar Ionawr 7, pryd y bydd 120 o filwyr o Grughywel, sir Frycheiniog, yn cychwyn ar bythefnos o waith yno. Bydd dynion o unedau eraill yn eu dilyn.

Y mae'r tir yn cynnwys rhyw 8,700 o erwau a'r Fyddin yn berchen arnynt a thua 2,200 o erwau a hawlir gan y Fyddin o dan y Rheolau Amddiffyn. Trosglwyddir y cyfan yn ôl i feddiant sifil ar ôl cau Ardal Hyfforddiant Ymarferol y Fyddin. Cyhoeddwyd fod y Fyddin yn rhoi'r tir i fyny ym mis Mawrth 1958.

Os bydd digon o filwyr ar gael bwriedir clirio'r tir lle mae gan y Fyddin hawliau i hyfforddi a thanio, erbyn diwedd 1958, a'r gweddill erbyn gwanwyn 1959.

Archwilir y tir yn ofalus iawn gan dimau o ddeg o ddynion a Swyddog. Ni chaniateir i unrhyw ddynion weithio am fwy na deugain munud, ac ni all neb wneud y gwaith hwn am fwy na chwe wythnos mewn blwyddyn.

Defnyddir offer arbennig ar gyfer y mannau hynny lle gwyddys i nifer fawr o fomiau syrthio.

Atgofion Arbrofi

Cofiaf pan oeddem yn llanciau ifanc i ni fynd i fyny i'r 'Ranges' ar gefn ein beiciau i gasglu bwledi reiffl 303 gyda'r bwriad o wneud 'bomiau' gyda nhw. Fe wyddem ble roedd lleoliadau un neu ddau o'r 'ammunition dumps' ac yno byddem yn casglu'r bwledi byw a'u rhoi ym mag sêt y beic. Ar ôl mynd â nhw adref, y gamp nesaf, yn ofalus gyda phleiars, oedd tynnu blaen y fwled i ffwrdd i ddatgelu'r cordeit oedd yn y darn ôl – y darn fyddai'n rhoi'r glec! Bu cryn arbrofi i weld be fyddai'n gwneud y 'bom' gorau; rhoddwyd cordeit mewn jar Bovril gwag gyda ffiws iddo ar stepiau llwybr Cae Coch unwaith, a hwnnw wedyn yn ffrwydro gyda darnau o wydr yn gwasgaru i bobman! Er bod yr arbrawf yn un llwyddiannus i'r pwrpas, penderfynwyd ei fod yn rhy beryg i'w ail-greu.

Un tro arall aeth Llion Williams, Dei Rowlands a minnau ati i geisio gwneud math arall o 'fom'. Yng ngardd tŷ rhieni Dei yng Nghefn Gwyn aethom ati i lapio haenau o ffoil alwminiwm o amgylch y cordeit, nes ei fod fel pêl criced o ran maint. Roedd hi'n ddiwrnod braf a leiniad o ddillad allan yn sychu yn y gwynt ysgafn. Wedyn, gwnaethom dân yn null boi sgowts, sef cylch o gerrig yn nhop yr ardd, dipyn o wair a mwsog sych, a brigau arno efo ryw glap neu ddau o lo arno yn ogystal, ei danio a thaflu'r bêl i'r tân. Wedyn dyma ruthro i'r tŷ mor fuan ag y medren ni, cyn syllu allan o ffenest y gegin gefn ar ein

Bwled Reiffl 303

cwrcwd. Ar ôl rhyw funud neu ddau, dyma glec anferth o'r tân, gyda'r brigau, y mwsog, y tywyrch a'r clapiau glo i gyd yn codi i'r awyr cyn 'myshrwmio' ryw ugain troedfedd i fyny yn yr awyr a disgyn ar ben y dillad oedd ar y lein – a dyna ddiwedd ar ein harbrofi gyda bomiau!

Blew Moch a'i Ddrewdod!

Bu i ddiwydiant unigryw (a drewllyd!) ddyfod i Mynydd Bach uwchben Cwm Dolgain yng Ngorffennaf 1967, sef safle i drin crwyn moch er mwyn cael y gwrychyn i ddefnydd brwsys paent i gwmni "Harris Brushes". O Tsieina yn bennaf fyddai'r cwmni'n arfer cael y gwrychyn ers y 1930au, ond bu iddynt godi'r pris 80% ar ddechrau'r chwedegau, felly penderfynwyd prosesu'r crwyn eu hunain. Roedd hen faes parcio gynnau'r fyddin i'r dim i daenu'r croen, er mwyn iddo hindreulio yn yr haul, gwynt a glaw – proses a gymerai ddau neu dri mis, gyda'r angen i'w droi gyda fforch yn wythnosol. Ar ôl iddo gael ei sychu a'i ddiarogli byddai'n cael ei ddychwelyd i'r ffatri yn Stoke Prior i'w olchi, sythu a'i

Ken Pugh, gyrrwr rali lleol, ar hen safle blew moch "Harris Brushes"

raddio cyn ei gydosod yn y brwsys. Gyda dyfodiad ffibr gwneud, ni welwyd yr angen bellach i drin y gwrychyn. Felly daeth y diwydiant i ben ar ôl bod ar y safle am tua naw mlynedd – rhywbeth a groesawyd yn fawr gan drigolion yr ardal gan fod ambell i dalp o'r croen yn syrthio oddi ar y lorïau weithiau gan adael y drewdod mwyaf ofnadwy ar ei ôl.

Mae'r safle nawr ym mherchnogaeth Clwb Moduro Bala a cheir treialon ceir rali yno ddwy neu dair gwaith y flwyddyn.

Y Diwedd?

Ond ai dyma ddiwedd y stori am y maes tanio? Nage wir. Yn Ionawr 2006 penderfynodd Awdurdod y Parc Cenedlaethol wahardd y cyhoedd rhag cael mynediad i 250 o erwau o dir yn y maes tanio, a hynny er mwyn i gontractwyr gael cyfle dros ddwy flynedd i gael gwared â'r arfau rhyfel oedd heb eu tanio. Mae'n amlwg nad oedd hynny hyd oed yn ddigon, fel y tystia'r rhybuddion sydd yno hyd heddiw; mae'r gwaharddiad yn parhau tan yr 28ain o Awst 2018 – cant a pymtheg o flynyddoedd ar ôl i'r fagnel gyntaf gael ei thanio!

A beth am y Camp? Ym 1969, llwyddodd cwmni adeiladu John (O'B)

O'Brien, tad yr awdur, i ennill contract gan Cecil Williams, perchennog y safle, i adeiladu cabanau pren ar seiliau'r hen adeiladau milwrol. Felly daeth O'B yn ôl i'r Camp, y man lle gwnaeth ei wasanaeth cenedlaethol bron 20 mlynedd ynghynt, i adeiladu cabanau, gan gyflogi hyd at 16 o ddynion lleol pan oedd y lle ar ei anterth, gydag 8 o gabanau'n cyrraedd o Norwy bob pythefnos yn y 70au cynnar. Cafwyd llawer o hwyl gyda Odd ac Allan – dau weithiwr o Trondheim, Norwy, oedd wedi dod drosodd i hyfforddi O'B ar sut i godi'r cabanau. Roedd y Camp unwaith eto'n chwarae rhan bwysig yn ei fywyd a chyflogodd rai o'i hen gyfeillion o'r fyddin, fel John Thompson a Tommy Harrison, a byddai ei gyfaill arall Hughie McMormick yn dreifio JCB iddo yn aml. Bu yno am 27 mlynedd a datblygodd cyfeillgarwch mawr rhyngddo a'r diweddar David Day, perchennog diweddarach y safle.

1. *Arwydd gwahardd;* 2. *John O'Brien, Gwyn Jones a Haydn Jones yn adeiladu'r siop yn y 70au cynnar;* 3. *Neuadd Bentref Llanfachreth, ger Dolgellau – un o hen adeiladau Camp Traws wedi cael defnydd newydd ar ôl i'r gwersyll gau. Mae'n dal i gael ei defnyddio hyd heddiw.*

MYNEDIAD GWAHARDDEDIG

ACCESS PROHIBITED

Oherwydd arfau rhyfel anffrwydredig

Due to unexploded munitions

Mae'r gwaharddiad hwn yn weithredol yn unig ar gyfer y cyfnod rhwng 00:00 a 23:59, ar y dyddiau isod:

Nid yw'r gwaharddiad hwn yn effeithio ar yr Hawliau Tramwy Cyhoeddus dan Ddeddf Cefn Gwlad a Hawliau Tramwy 2000

This exclusion only applies between 00:00 and 23:59 on the dates below:

Public Rights of Way are not affected by this exclusion under the Countryside Rights of Way Act 2000

Cychwyn / Start	Diwedd / End
00:00 31/08/13	23:59 28/08/18

I weld effaith lawn y gwaharddiad hwn ewch i wefan www.cyfoethnaturiolcymru.gov.uk
To view the full extent of this prohibition log on to www.naturalresourceswales.gov.uk

I wneud unrhyw ymholiadau pellach ffoniwch / Any further enquiries call 0300 065 3000
CYF / REF: AP1861965/1861966

Datganwyd yr hysbysiad hwn i'r tirfeddiannwr neu'r deiliad ar hwyluster yn unig ac nid oes gan Cyfoeth Naturiol Cymru unrhyw gyfrifoldeb dros unrhyw faterion sy'n deillio o unrhyw ddibyniaeth ar yr hysbysiad hwn neu wrth osod yr hysbysiad hwn.

This notice has been provided to the landowner or occupier for convenience only and Natural Resources Wales has no liability for any matters arising from any reliance on this notice or from the placing of this notice.

Cyfoeth Naturiol Cymru / Natural Resources Wales

RHEOLIADAU MYNEDIAD I GEFN GWLAD (GWAHARDD NEU GYFYNGU MYNEDIAD) (CYMRU) 2003

COUNTRYSIDE ACCESS (EXCLUSION OR RESTRICTION OF ACCESS) (WALES) REGULATIONS 2003

© Hawlfraint y Goron. Cedwir pob hawl. Cyfoeth Naturiol Cymru, 100019741
© Crown copyright. All rights reserved. Natural Resources Wales, 100019741
Mae'r map hwn yn dangos terfynau'r tir y bydd gwaharddiad yn berthnasol iddo. A fyddech gystal â'feu gwybod i ni os oes unrhyw gamgymeriadau i'w cael yn y ffordd yr ydym wedi dangos y gwaharddiad.
This map shows the boundaries of land to which an exclusion will apply. Please tell us if there are any mistakes in the way we have shown the exclusion.

Allwedd

⬛ Mynediad gwaharddedig

Cyfeirnod y rais: AP1861965/1861966
Rhif adnabod y tir: 1861966
Enw'r safle: 380001536(1861965)
Cyfeirnod Grid: SH760326

Legend

⬛ Excluded access

Application Ref: AP1861965/1861966
Land ID: 1861966
Site Name: 380001536(1861965)
Grid Ref: SH760326

Os oes gennych unrhyw ymholiadau ofall ysgrifo i'r map hwn, cysylltwch â ni gan ddefnyddio'r cyfeiriad a ganlyn.
If you have any queries regarding this map please contact us as follows:

Swyddog Trwyddedu (CRoW), Cyfoeth Naturiol Cymru, Maes y Ffynnon, Penrhosgarnedd, Bangor, Gwynedd LL57 2DW
Ffôn: 0300 065 3000. E-bost: enquiries@cyfoethnaturiolcymru.gov.uk

Permitting Officer (CRoW), Natural Resources Wales, Maes y Ffynnon, Penrhosgarnedd, Bangor, Gwynedd LL57 2DW
Telephone: 0300 065 3000. Email: enquiries@cyfoethnaturiolcymru.gov.uk

Mentrodd David hefyd i adeiladu llethr sgïo uwchben Rhiwgoch, gan ddefnyddio hen gronfa dŵr yfed y Camp fel rhan o sustem niwlio unigryw i wneud i'r llethr dan y matiau sgïo deimlo'n debycach i eira.

I gloi'r gyfrol, teimlaf mai priodol yw dyfynnu rhannau allan o ysgrif gan Beti Wyn Lloyd, Pantglas gynt, tua dechrau'r '60au:

Rhan o'r hen faes tanio mewn defnydd gan y fyddin fel rhan o ymarferiad Vambrace Warrior yn Hydref 2016

Roedd poblogaeth y cwm yn uchel iawn cyn i'r milwyr ddod. Ar wahân i'r tenantiaid a'u teuluoedd cedwid gwas a morwyn os nad rhagor yn Hafodty Bach, Dôl Mynach, Gwynfynydd, Bedd y Coedwr, Dolgain, Llech Idris a Dôl Moch. Byddai hefyd bladurwyr yn dod i Ddolgain, Gwynfynydd, Llech Idris a Dolmynach. Cynhelid ffair i gyflogi pladurwyr yn Nhrawsfynydd yr adeg hon, a mawr fyddai'r ymgasglu iddi.

Byddai canu da yng nghapel Penstryd bron yn ddieithriad ac roedd teulu Edward Rowlands, Feidiog Bach yn gerddgar iawn. Symudodd y mab, Dafydd Rowlands, i Ddolgellau a bu'n arwain y côr mawr yno'n llwyddiannus iawn. Rhaid nodi i'w fab yntau, Dafydd Rowlands arwain Côr Meibion Dolgellau'r un mor llwyddiannus. Hefyd roedd Owen Rowlands, Feidiog Bach, yn dad i Ted Rowlands y canwr adnabyddus o Drawsfynydd a ganai ddeuawdau ledled Cymru gyda Mr Moses Hughes, Fronwnion.

Yna roedd Huw Rowlands ac Evan Jones, Defeidiog Isa a fu'n canu deuawdau laweroedd o weithiau. Clywais amdanynt yn mynd i eisteddfod fawr yn y Bala ac yn canu i'r Dr. Joseph Parry, ac yn ennill wedi cystadlu brwd gan greu cryn glod iddynt eu hunain. Ond clywais Huw Rowlands, Tyngriafolen, yn cydnabod mai Ellis Jones, Defeidiog, oedd y pencampwr pan fyddai'n cystadlu. Anaml y byddai'n canu, ond meddai ar lais rhagorol a diguro.

Hefyd rhaid cofio fod y diweddar William Jones, Hafodwen, wedi ennill llawer o wobrau gan gynnwys y Ruban Glas yn y Genedlaethol, yn fab i Annie Jones, Gelligain gynt. Roedd yntau â'i wreiddiau yng Nghwm Dolgain.

Yn y cyfnod hwn, waliau cerrig oedd y terfynau, ac roedd meibion Defeidiog Bach yn ddiguro am wneud wal sych fel y'i gelwir.

Cofir hefyd fod yno fuddai gnoc – yr unig un yn y cyffiniau, a defnyddid hi'n gyson i gorddi.

Bugeilio a Chneifio

Cyfrifid trigolion y cwm yn fugeiliaid da. Mewn mynydd agored roedd angen craffter i adnabod a didol, a cheid pawb yn onest a diffuant iawn yn y cyfeiriad hwn. Byddai pawb yn helpu ei gilydd i dorri mawn, a hefyd ar ddiwrnod cneifio. Roedd hwnnw'n ddydd pwysig a diddorol iawn. Rhaid fyddai cael cystadleuaeth gneifio ŵyn ymhob fferm, ac Wmffra Jones, Hafodty Bach fyddai'n trefnu'r ymryson yn llawn hwyl a doniolwch. Byddai cneifwyr pur wan yn dod o Waen y Bala, Cwm Parc a Chefnddwysarn, ond dysgwyd hwythau o dipyn i beth.

Gefail y Gof

Byddai Gefail y Go' ym Mhenstryd yn lle pwysig iawn yr adeg hon, a byddai rhai o Gwm Prysor, Cwm yr Alltlwyd, y Ganllwyd a Chefnclawdd yn cyrchu yno i bedoli ceffylau a gwartheg. Byddai Robin y Go' yn cerdded i Gaint a mannau eraill yn Lloegr hefo'r gwartheg, gan fynd â'i bedolau a'i glipiau gydag ef i bedoli ar y ffordd. Roedd yn ddyn mawr, cyhyrog, ond yn hynod o garedig wrth adar ac anifeiliaid. Byddai'r adar bach yn disgyn ar ei ben a'i ysgwyddau, ac ni fyddai byth yn lladd llygoden fach, ond yn ei gollwng a dweud wrthi am beidio dod yn ôl!

Gallai ymladd hefyd, ond dim ond unwaith y byddai angen iddo daro'i elyn – prin y codai wedyn! Medrai bump o ieithoedd – Lladin, Groeg a Ffrangeg, yn ogystal â Saesneg a Chymraeg. Bu farw yn 1902 a chladdwyd ef ym mynwent Penstryd. Dyna gipolwg ar bethau fel roeddynt yng nghwm Dolgain cyn 1903. Dyna'r flwyddyn y daeth y milwyr i Fryn Golau, Trawsfynydd, a dechrau ymarfer yng Nghwm Dolgain.

Dyfodiad y Milwyr

Fel y gellid disgwyl bu cryn newid yn y Cwm, ond ni fu raid i neb adael ei fferm hyd at ddwy flynedd yn ddiweddarach. Yn hytrach, roedd yn rhaid i bawb symud yn y dydd o tuag wyth y bore hyd saith neu wyth y nos i bebyll. Roedd pebyll Defeidiog Bach ar ben y Feidiog ar fynydd Blaenlliw; pebyll Dôl Moch a Hafod y Garreg ar ben Llechwedd Cain ar derfyn ffridd Nant y Frwydr. Roedd pebyll Feidiog Isa, Gelli Gain a Llech Idris wrth Penstryd, a rhai Dôl Mynach Ucha wrth Ddôl Mynach Isa. Rhaid oedd i bawb aros yn eu pebyll nes y byddai'r milwyr wedi gorffen saethu. Golygai hyn y byddai'n rhaid aros yn hwyr yn y pebyll ac anodd iawn i'r ffermwyr fyddai trin y tir a chasglu'r cynhaeaf.

1. Glynda O'Brien yn Foty Llelo, cartref ei hen daid ; 2. William Williams, Brynllefrith yn Dôl Mynach Isa ; 3. Y lle tân yn Buarth Brwynog

Byddent yn codi efo'r wawr i dorri a thrin y gwair, ac wrthi wedyn yn hwyr y nos. Ond er gwaethaf popeth, llwyddodd pawb i gael ei gnwd erbyn diwedd yr haf. Byddai teulu Defeidiog Isa yn anfon eu gwartheg i Gelli Gain yn ystod y dydd er mwyn bod yn ddiogel rhag y saethu.

Yn 1905 symudodd y milwyr o Fryn Golau i Rhiwgoch a chafodd y tenantiaid rybudd i ymadael, a phawb heb unlle i fynd. Symudodd teulu Defeidiog Bach i Dŷ Capel, Cwm Prysor. Aeth teulu Dôl Moch i Gilfach Wen a theuluoedd Hafod y Garreg a Defeidiog Isa i Nant y Frwydr – y naill i'r parlwr a'r llall i'r gegin. Cafodd teulu Dôl Mynach fynd i Frynllefrith ac aeth teulu Gelli Gain i Fedd y Coedwr. Daeth teulu Llech Idris yn lwcus o gael Bryn Golau. Ni orfodwyd neb arall o drigolion y cwm i symud.

Chwalfa

Wedi'r chwalfa hon aeth cynulleidfa capel Penstryd dipyn yn llai, ond daliodd yr achos i fynd ymlaen yno.

Blwch ffôn maes ger Gelli Gain

Cafodd llawer waith yn y Gwersyll i wneud ffyrdd a phethau cyffelyb. Parhaodd hyn drwy gydol yr amser y bu'r milwyr yno.

Roedd tenantiaid Defeidiog Isa wedi bod yn fugeiliaid i Morus Evans ar hyd y blynyddoedd, a phan symudodd y rhai a enwyd o'r cwm daeth ef yn denant ar eu ffermydd, sef Defeidiog Isa, rhan o Frynllin Fawr, Dôl Mynach Isa, Dôl Mynach Ucha, Llech Idris, Dolgain a Gelli Gain. Ar ôl hynny ni fu ond bugeiliaid Morus Evans yn byw yn Nolgain. Gadawyd yr hen ffermydd i ddirywio nes eu bod yn furddunod. Gellid ailadrodd y pennill a ddarganfuwyd ar lechen ar ben lintar y drws yn Hafodty Plas (Foty Llclo)* wrth syllu ar bob un ohonynt:

Gwenodd llawer gwanwyn tlws
Mewn gwyrddlesni wrth dy ddrws;
Olion bysedd amser sydd
Yn gerfiedig ar dy rudd.

* Nodyn: Yn Foty Llelo y ganwyd Owen Thomas Jones 'Now Tom', taid Glynda (gwraig yr awdur). Collodd ei lygad yn nyddiau cynnar brwydr y Somme ym 1916,

a lladdwyd ei frawd Ellis John ym mrwydr Passchendaele ar y 27ain o Awst 1917, bron fis union ar ôl Hedd Wyn.

Y Cwm Ar Ôl Ymadawiad y Milwyr

Pan aeth y milwyr ymaith roedd golwg pur wahanol ar Gwm Dolgain. Doedd yno ddim ond moelni creithiog a brwyn yn gymysgfa ddiddiwedd ar ei hyd. Ychydig iawn o ôl yr hen ffermydd oedd ar ôl – dim ond carnedd o gerrig ac ambell goeden i nodi'r fan.

Cafodd y tenantiaid gyfle i brynu'r ffermydd yn ôl. Cafodd Evan Jones Pantglas ei fynydd a Rhiwgoch. Aeth Dôl Moch yn ôl i Huw Rowlands a mynydd Bryngath i Daniel Roberts. Prynodd John Jones, Bronaber yntau Hafodty Bach. Aeth hen denantiaeth Morus Evans yn rhannog – Dôl Mynach Isa a Dôl Mynach Ucha i D.M. Davies, Tŷ Cerrig, Parc y Bala, a Defeidiog Isa, Dolgain, Llech Idris a Gelli Gain i Bryn Davies, Pant Neuadd, Y Parc. Aeth y Comisiwn Coedwigoedd â rhan o Ddefeidiog Isa a Defeidiog Bach, a bellach ni welir dim ond coed ar y tir.

1. *Arsyllfa Penstryd*
2. *Arthur Rowlands yn dangos lleoliad 'Splinter Shelter' Dôl Moch*

Adeiladwyd tŷ newydd yn Nolgain ac aethant ati i ail ddechrau trin y tir yno ac yn Nôl Mynach.

Ail wnaethpwyd y ffordd trosodd i Gwm Blaenlliw a gellir trafeilio mewn modur i fyny Cwm Dolgain, ond fe sylwn wrth fynd heibio nad oes

Dim mwg ym Muarth Brwyniog,
Na chân yng Ngelli Gain,
Na dim yn Foty Llelo
Ond nythod blêr y brain.

Tawelwch yn Nôl Mynach,
Neb yn Llech Idris chwaith,
Aeth Dei i ffwrdd o'r Feidiog,
Does yno ddim ond craith.

Yn furddun Hafod Garreg,
Yn llwch Nant Llwcus gynt,
Fe chwalwyd 'rhen gymdeithas
Ymhell i'r pedwar gwynt.

A thra bo tonnau grisial
Yn afon Gain a'i lli
Bydd hiraeth yn fy nghalon
Am gwm fy maboed i.

1. Blwch ffôn maes rhwng Capel Penstryd a Dolgain; 2. Byncer ger yr 'Anti-tank Range' wrth adfeilion Gelli Gain; 3. Gynnau mawr yn cael eu tynnu drwy Bronaber neu 'Tin Town' fel y gelwid y lle

Y ddiweddar Eirianwen John (fy Nain) am ei hatgofion am olchi dillad milwr yn Stryd Faen;

Gwilym Williams, Bryn Llefrith, am hanes trychineb Feidiog Isa trwy gyfrwng copi o'r *Faner* o 1882;

Y diweddar Isgoed Williams, Trawsfynydd am ei atgofion am symudiadau'r ceffylau yn y Camp;

Gareth Dafydd, Trawsfynydd am gael benthyg gweithredoedd tiroedd Cwm Dolgain; Giovanna Bloor, Croesor am wybodaeth am 'K Force';

R. Gareth Williams, Trawsfynydd am ei atgofion am gadw defaid ar y 'Ranges';

Mrs Glenys Cartwright am gopi o 'fighting orders' ei thad, H.W. Jones;

Enid Williams, Llan Ffestiniog am lun o'i thad o flaen drws Rhiwgoch;

Willie Pirrie am hen luniau o'r Camp;

Margaret Jones, Ffriddbryncoch, am hen luniau Rhiwgoch;

Dan Jones, Biwmares am lun ei dad, Daniel Jones;

Dylan Davies, Parc, Y Bala am lun o Dolmynach Isa;

Leslie Leigh, Aberdyfi am ei nodiadau am hanes y 'blew moch'

Margaret Roberts am lun ei diweddar dad-yng-nghyfraith, Robin Roberts;

Ieuan Tomos, Llawr Plwy', am ddarganfod a throsglwyddo hanes y balŵn i mi;

Gwilym H. Jones am ddarparu copi o bamffled ymgyrch y Blaid a'r llun o'r protestwyr yn Abergeirw;

Y diweddar Evan Tudor, Yr Aber, Bronaber, a'm diweddar Dad, John O'Brien am eu hatgofion am y protestio;

Rhys Williams a'i deulu, Y Gors, Cwm Prysor, am y croeso cynnes a'u parodrwydd i ddangos yr olion milwrol ar ei dir;

Yn yr un modd, i 'mrawd yng nghyfraith, Arthur Rowlands a'i ast ffyddlon Siân, am fynd â fi ar y cwad beic i weld yr olion ar Ffridd Dôl Moch – profiad a hanner!

John Roberts, Archeolegydd Parc Cenedlaethol Eryri, am ei ddiddordeb a chymorth parod bob tro.

Llyfryddiaeth

Otterburn Training Area Then and Now, Defence Estates

Bala Junction to Blaenau Festiniog, D.W. Southern

Hanes Bro Trawsfynydd, Merched y Wawr a Traws-Newid (2012)

Dogfennau Archifdy Meirionnydd, Cyngor Gwynedd

History of the Army Service Corps (1939 – 1946), Brig. V.J. Moharir, AVSM (Retd.)

The Times, 13 Mehefin, 1930

Trawsfynydd Artillery Range Bye Laws 1941, HMSO

The Life of Samuel Franklin Cody, Jean Roberts

Daily Post, 18 Tachwedd, 1949

Cambrian News, 14 Gorffennaf, 1950

Rhamant a Rhyddid: 'Hedd Wyn', J. Dyfnallt Owen (1952)

Pamffled *Ataliwn Drais y Swyddfa Ryfel*, Pwyllgor Meirion, Plaid Cymru (1948)

Y Cymro (Medi 7 a Hydref 5, 1951)

Y Dydd (Ionawr 1958)

Archaeologia Cambrensis, 1857

Nodyn: Cafodd rhannau o'r gyfrol hon eu cyhoeddi mewn erthyglau yn *Rhamant Bro* ychydig flynyddoedd yn ôl.

Willie Pirrie o flaen Bedford MW yn y 1950au

1. a 2. *Arsyllfa Llechweddgain cyn ac ar ôl ei hatgyweirio, drwy gymorth Awdurdod Parc Cenedlaethol Eryri*

cerddi'r
Bugail

Hedd Wyn
(Ellis H. Evans 1887-1917)
cyflwyniad gan Gruffudd Antur

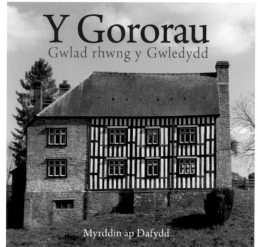

Y Gororau
Gwlad rhwng y Gwledydd

Myrddin ap Dafydd

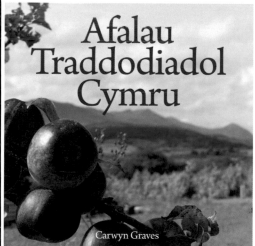

Afalau
Traddodiadol
Cymru

Carwyn Graves

Sbrigyn
o
Gelyn
Coch

WILLIAM OWEN

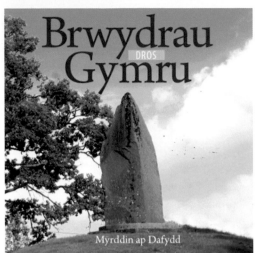

Brwydrau DROS Gymru

Myrddin ap Dafydd

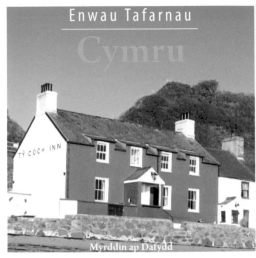

Enwau Tafarnau Cymru

Myrddin ap Dafydd

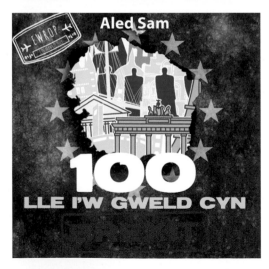

Aled Sam

100 LLE I'W GWELD CYN

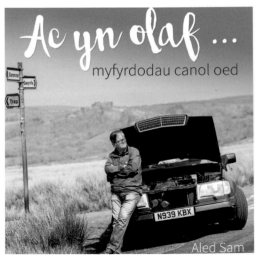

Ac yn olaf ...

myfyrdodau canol oed

Aled Sam